KB107936

식재료 이력서

식재료 이력서

발행일   2018년 12월 14일

지은이   황 천 우
펴낸이   손 형 국
펴낸곳   (주)북랩
편집인   선일영   편집   오경진, 권혁신, 최승헌, 최예은, 김경무
디자인   이현수, 김민하, 한수희, 김윤주, 허지혜   제작   박기성, 황동현, 구성우, 정성배
마케팅   김회란, 박진관, 조하라
출판등록   2004. 12. 1(제2012-000051호)
주소   서울시 금천구 가산디지털 1로 168, 우림라이온스밸리 B동 B113, 114호
홈페이지   www.book.co.kr
전화번호   (02)2026-5777   팩스   (02)2026-5747

ISBN   979-11-6299-437-5 03590 (종이책)   979-11-6299-438-2 05590 (전자책)

이 도서의 국립중앙도서관 출판예정도서목록(CIP)은 서지정보유통지원시스템 홈페이지(http://seoji.nl.go.kr)와
국가자료공동목록시스템(http://www.nl.go.kr/kolisnet)에서 이용하실 수 있습니다.
(CIP제어번호: CIP2018039539)

食
식재료
이력서

황천우 지음

북랩 book Lab

글을 열며

대학 졸업 후 지금까지 내 삶을 살피면 흥미롭다. 근 15년간은 정치판에서 그리고 이후 15년간은 소설가와 칼럼니스트로 활동하면서 대한민국이란 사회에서 한 인간이 누릴 수 있는 자유를 만끽하며 살아왔다.

그러던 어느 순간, 정확하게 언급해서 나이 육십줄에 다가서자 묘한 생각이 떠올랐다. 아니, 묘한 생각이라기보다 어린 시절부터 가슴 한구석에 웅크리고 있던 본능이 움직인 게다. 노동을 통해 내 삶을 보다 풍부하게 살찌우자는 생각이었다.

그러고는 경기도 포천시 소재 식품제조회사에 입사하여 HACCP(Hazard Analysis and Critical Control Point, 식품의 원재료 생산에서부터 최종소비자가 섭취하기 전까지 각 단계에서 생물학적, 화학적, 물리적 위해요소가 해당 식품에 혼입되거나 오염되는 것을 방지하기 위한 위생관리 시스템)의 마지막 단계, 금속검출기를 통해 이물질 확인 작업을 거친 완제품을 냉장창고에 보관하는 일에 종사하게 되었다.

그 일을 수행하는 과정에 역시 묘한 생각 떠올랐다. 사람들이 식품을 그저 맛으로만 먹게 하지 말고 각 식품들의 이면을 들추어내

이야깃거리를 만들어 나름 의미를 주자는 발상이었다.

 그런 연유로 지난해 여름부터 회사에서 생산되는 제품들에 대해 매주 하나의 식품을 선정하여 정리하기 시작했다. 그런데 그 일이 끝나갈 무렵 조그마한 욕심이 일어났다. 기왕에 시작한 일, 한국인들이 즐겨 찾는 주요 식재료 모두를 대상으로 삼자는 생각이었다. 그렇게 해서 선뵈는 게 바로 이 작품,『식재료 이력서』다.

 이 작품을 시도하게 된 이유는 또 있다. 바로 인연이다. 필자는 인간의 삶을 인연의 연장이라 믿고 있다. 인간은 삶을 이어가며 무수한 인연을 접하게 되는데, 그에 대한 대처로 인간의 삶이 정리된다고 생각한다.

 물론 인연이 주로 다른 사람들과의 관계에서 성립되지만 인간이 삶을 이어가는 과정에 만나게 되는 모든 물체 역시 인연의 대상으로 살피고 있다. 필자가 즐겨 찾는 산을 위시하여 동물, 식물 등 자연 전체가 인간과 동일체라는 사고로부터 비롯된다.

 그중에서도 인간들이 매일 접하게 되는, 인간의 몸과 고락을 함께하는 식품들을 나 몰라라 할 수 없는 일이었다. 한편 생각하면 인간에게 소중하기 이를 데 없는 것들이 아닌가. 그런 맥락에서 이 작품은 시작되었고 기어코 선보이게 되었다.

이 작품에는 '이력서'라는 글의 특성상 여러 인용문이 등장한다. 한국고전번역원 등 국가기관과 주요 단체의 기록 또는 주요 언론사들의 기사를 그대로 인용했다. 이에 대해 일일이 양해를 구해야 함에도 불구하고 그러지 못한 부분에 대해 송구하게 생각한다. 아울러 모든 인용문에 대해서는 그 출처를 명확하게 기록하였다. 이는 모두에게 이득이 되고자 함이었음을 밝힌다.

모쪼록 이 작품이 인간이 식품과의 인연을 소중하게 생각하는 계기가 되기 바란다.

2018년 막바지에
황천우

목차

1장

채소류 및 나물류

가지 갓 깻잎 고구마줄기 고들빼기 고사리
고추 곤드레 냉이 다래순 당근 더덕 도라지
마늘 마늘종 매실 명이 무 미나리 배추 부추
삼채 상추 숙주 쑥갓 시금치 시래기 아욱
양파 연근 오이 우엉 취 콩(콩자반) 된장 콩나물
콩잎 토란 파 표고 피마자

가지

　고려 시대 명문장가인 이규보(李奎報, 1168~1241) 작품 「가지(茄,
가)」 감상해보자.

　　　자주 물결에 붉은 빛 띠니 늙음 어찌하랴
　　　꽃 보고 열매 먹기로 가지만 한 게 없네
　　　두렁 가득한 푸른 알과 붉은 알
　　　날로 먹고 삶아 맛보아도 모두 좋다네

　　　浪紫浮紅奈老何(낭자부홍내로하)
　　　看花食實莫如茄(간화식실막여가)
　　　滿畦靑卵兼赬卵(만휴청란겸정란)
　　　生喫烹嘗種種嘉(생끽팽상종종가)

　가지에 대한 극찬이 조금은 도를 넘어서고 있지 않나 하는 느낌
일어난다. 그도 그럴 것이 농부의 아들로 태어난 필자가 어린 시절
접했던 가지에 대한 기억과는 동떨어져 있기 때문이다.
　날로 먹었던 가지에 대한 첫 기억은 그야말로 떨떠름했고 그래서
그 이후로는 가지를 날로 먹었던 기억은 전무하다. 어쩌다 상 위에
반찬으로 올라도 그저 먹는 시늉만 내고는 했었다.

그런데 이규보는 생으로 먹어도 그 맛이 嘉(가), 즉 아름답다고까지 표현했으니 다소 생소한 느낌 일어나는 건 당연하지 않을까. 여하튼 가지 관련『한국민족문화대백과』에 실려 있는 글 인용한다.

원산지는 인도로 추정되며 우리나라에는 중국을 통하여 전래된 것으로 보인다.『해동역사』에는 당나라 때의 문헌인『유양잡조』와 송나라 때의 문헌인『본초연의』를 인용하여, 신라에서 재배되는 가지는 꼭지가 길쭉하고 끝은 달걀 모양인데, 맛이 달아서 중국에서도 수입, 재배하였다고 기록되어 있다.

상당히 애매하게 설명하고 있다. 원산지는 인도인데 중국을 통해 이 나라에 전래되었다고 하는 건지 아니면 신라의 가지가 중국으로 전해졌다는 건지 쉽사리 분간되지 않는다. 이를 살피기 위해 한치윤(韓致奫, 1765~1814)의『해동역사』에서 가지(茄子, 가자)에 대한 기록 살펴본다.

신라국에서 한 종류의 가지가 나는데, 형체가 계란같이 생겼다. 광택이 있으면서 엷은 자색을 띠고 있으며, 꼭지가 길고 맛이 달다. 지금은 그 씨앗이 중국에 널리 퍼져 있어서, 채소를 가꾸는 사람들이 양지 쪽에다 심고는 두엄을 많이 주며, 소만(小滿, 만물이 점차 생장하여 가득 찬다는 날로 양력 5월 21일경임)을 전후해서 비싼 값을 받고 판다. 살펴보건대, 가지의 속명은 '가자'이다.

애매하기는 마찬가지다. 그렇다면 어떻게 된 일일까. 『조선왕조실록』에서 그 사연 찾아본다.

세종 32년(1450) 윤 1월에 명나라 한림 시강(翰林侍講) 예겸(倪謙)과 형과 급사중(刑科給事中) 사마순(司馬恂)이 사신으로 조선을 방문하여 집현전 학자로 사육신 중 한 사람인 성삼문과 대화 중에 가지가 등장하자 언급한 내용이다.

> "이 나라에 가지 열매는 무엇 같은가. 옛적에 장건이 서역에 사신으로 갔다가 포도 종자를 얻어 와서 지금까지 중국에 전하였는데, 우리들도 또한 가지 종자를 얻어서 중국에 전하고자 하오."
> "此國茄結子何似? 昔張騫使西域, 得葡萄種, 至今傳之中國。吾等亦欲得茄種, 以傳中國可也。"

이를 살피면 앞서 궁금증이 한 번에 해결된다. 가지는 중국을 통해 이 나라에 전래된 게 아니라 이 나라로부터 중국에 전해졌다고 말이다. 아울러 이 대목에서 이규보가 극찬한 가지의 효능에 대해 살펴본다. 《헬스조선》에 실린 기사 인용한다.

> 안토시아닌이 풍부한 가지는 뛰어난 항산화 작용과 항암 효과를 가지고 있고, 혈중 중성지방을 낮추며 혈관 지방 제거에 도움을 준다. 무엇보다 안토시아닌은 인슐린 생성량을 높이는

효과가 있어 당뇨병을 예방하고 치유하는 데 효과적이다. 또한 수분 함량이 높고 칼로리가 낮아 다이어트에도 도움이 되며 식이섬유와 수분이 풍부해 장내의 노폐물 제거에도 좋다.[1]

그런데 우리 조상 중에 이규보만 가지에 대해 극찬을 아끼지 않은 게 아니다. 많은 역사 인물들이 가지와 관련하여 작품을 남겼는데 그중 세 사람의 작품 소개한다. 먼저 조선 초 인물인 서거정의 작품 감상해본다.

가지

가을 되어 전원에 자줏빛 가지 보는데
여러 개 아름다운 열매 서리 흠뻑 맞았네
가지에 의지하여 배 채우고자 계획하니
고기 먹는 일 언제 언급이나 했던가

茄(가)

秋入田園見紫茄(추입전원견자가)
累累佳實著霜多(누누가실착상다)
憑渠欲作撑腸計(빙거욕작탱장계)
肉食何曾掛齒牙(육식하증괘치아)

---

1)   출처: 이혜나, '올해 컬러 '울트라바이올렛' 푸드로 내 몸 지키는 법', 《헬스조선》, 2018.4.10.

이 작품에 자주 등장하는 서거정에 대해 잠시 언급해야겠다. 서거정(徐居正, 1420~1488)은 조선조 4대 임금인 세종부터 9대 성종 때까지 문병(文柄, 문학계의 권력)을 장악했던 인물로 지금의 서울시장 격인 한성판윤을 역임했다. 그런 연유로 지하철 7호선 사가정역은 그의 호 '사가정(四佳亭)'에서 비롯되었음을 밝힌다.

내친김에 내 고향 노원과의 관계에 대해서도 언급해야겠다. 노원에는 두 개의 매력적인 산이 있다. 수락산과 불암산이다. 서거정의 동문수학인 매월당 김시습이 수락산에 터 잡자 서거정이 불암산에 눌러 앉게 된다. 즉, 수락산 주인은 김시습이고 불암산 주인은 서거정이라는 이야기다.

다음에 조선 중기 문신인 이응희(李應禧, 1579~1651) 작품 소개한다.

가지

저물녘 비에 좋은 채소 모종했더니
한여름 되어 푸릇푸릇 울창하네
잎사귀 아래 푸른 옥 늘어졌고
가지 사이에 붉은 구슬 매달렸네
맛 좋아 배부르게 먹게 하고
채국 만들어 먹으면 숙취 해결되네
비록 무익한 채소라 말들 하지만
음식 먹을 때 없어선 안 되네

茄子(가자)

佳蔬移晚雨(가소이만우)

中夏蔚靑靑(중하울청청)

葉底垂蒼玉(엽저수창옥)

枝間嚲紫瓊(지간타자경)

厚味餤能飽(후미담능포)

流漿解舊醒(유장해구성)

雖云無益菜(수운무익채)

當食用難停(당식용난정)

상기 글에 流漿解舊醒(유장해구성)이란 흥미로운 표현 등장한다. 즉, 가지를 국으로 만들어 먹으면 해장된다는 의미인데 금시초문이다. 그렇다고 진실이 아닌 사실을 기록할 수 없는 노릇으로 이에 대한 연구를 진행시켜보아도 좋을 듯하다.

여하튼 이응희 역시 이 글에 자주 등장하게 되는 관계로 간략하게 소개한다. 이응희는 성종의 셋째 아들인 안양군(安陽君) 이항의 후손으로 이항이 연산군 당시 사사되면서 후손들에게 관직에 나가지 말라는 유언을 남김에 따라 일찌감치 경기도 과천 수리산에 터 잡고 한평생 학문 연구에 종사했던 인물이다.

이제 이민구(李敏求, 1589~1670) 작품 감상해보자.

가지 뽑다

가을 밭 날로 황폐해져
식물 모두 이미 시들었네
가지밭 비록 늦도록 푸르지만
어찌 차가운 이슬에 시들지 않으리
아름다운 열매 따자 끝이 보이고
빽빽한 잎은 빛깔 시들었네
오늘 아침 모두 베어버리고
뿌리 뽑으니 진흙 따라 올라오네

가지밭 이미 밝아지자

농부는 부끄러워하네

봄 맞아 그 씨앗 심으면

역시 내년에도 아름답겠지

한스럽네 천지 사이에

인생은 한 번뿐인걸

除茄林(제가림)

秋畦日荒落(추휴일황락)

植物俱已矣(식물구이의)

茄林雖晩翠(가림수만취)

豈免寒露委(기면한로위)

嘉實摘欲盡(가실적욕진)

密葉顔色死(밀엽안색사)

今晨事芟夷(금신사삼이)

拔本隨泥滓(발본수니재)

園場旣濯濯(원장기탁탁)

老圃以爲恥(노포이위취)

及春藝其子(급춘예기자)

亦有來歲美(역유래세미)

可歎天壤間(가탄천양간)

人生一終始(인생일종시)

갓

이응희 작품이다.

갓

개자는 생강 종류인데
크기는 작아도 맛과 냄새 좋네
녹색 껍질 속에 금빛 좁쌀 품고
누런 가죽 속에 붉은 구슬 피네
환으로 빚으면 더러운 벌레 죽고
회와 함께하면 매운 향기 퍼지네
세상에 하고많은 질병들
네가 아니면 누가 치료하랴

芥(개)

芥子生薑類(개자생강류)
形微氣味都(형미기미도)
綠殼胎金粟(녹각태금속)

黃胞綻紫珠(황포탄자주)

凝丸蟲穢盡(응환충예진)

交膾烈香敷(교회열향부)

世間多少疾(세간다소질)

非爾孰能扶(비이숙능부)

　상기 작품을 살피면 흥미롭다. 제목은 芥(개), 즉 갓으로 설정했
는데 내용은 芥子(개자), 즉 겨자를 다루고 있기 때문이다. 芥子(개
자)에서 子는 자식의 의미, 즉 씨를 지칭하고 있어 개자는 갓의 씨,
즉 겨자를 의미하고 아울러 갓의 입, 즉 갓김치와 갓장아찌의 재료
는 한자로 개채(芥菜)라 지칭한다.

　각설하고, 다수의 사람들이 이 땅에 갓을 재배하고 김치로 담그
어 먹는 일이 일제강점기 시절 전라도 여수 지방에서 시작되었다
고 생각하고 있다. 이를 입증하듯 여수 농협에서도 '돌산갓의 유래'
라는 제목으로 일제강점기 시절 일본인들이 그들의 갓을 들여와
본격적으로 재배하면서 김치로 담그어 먹었다고 기술하고 있다.[2]

　그런데 과연 그럴까. 먼저 갓 재배에 대해 살펴보자. 조선의 이단
아인 허균(許筠, 1569~1618)의 『성소부부고』를 살피면 다음과 같은
대목이 등장한다.

---

2) 　출처: 여수 농협 홈페이지의 '갓김치의 유래 및 효능' 페이지.

갓(芥菜, 개채)

7~8월경에 하종했다가 9월에 둑을 짓고 나누어 심은 다음 자주 거름을 준다. 서풍이 부는 날이나 고초일(枯焦日)에는 물을 주어서는 안 된다.

고초일은 씨앗을 심으면 말라 버려 싹이 나지 않는다고 하는 날로 허균은 갓 재배와 관련하여 구체적으로 기록을 남기고 있다. 이를 살피면 이미 조선 중기 이전부터 갓 재배가 활발하게 진행되었다고 간주함이 타당하다.

이 대목에서 흥미로운 이야기 한 번 하자. 최초의 한글 소설『홍길동전』의 저자인 허균에 대해서다. 우리 역사에서 왕이 아닌 자로 여인들과 가장 왕성하게 활동했던 인물이 바로 허균이다.

그런데 천하에 난봉꾼인 허균이 나이 서른셋 때 전북 부안에서 그곳 명기로 「이화우 흩날릴 제」 등의 시를 남긴 매창을 만나 하룻밤을 보내면서 그녀의 손목 한 번 잡지 않은 일이 발생했다. 하여 그 일을 괴상하게 여긴 필자는 허균과 매창이 함께한 그 하룻밤을 소재로 급기야『허균, 서른셋의 반란』이란 작품을 발표하기도 했다.

다음은 갓을 김치로 담그어 먹은 일이 언제부터였는가에 대해 살펴본다. 고려 말 대학자였던 이곡(李穀, 1298~1351)의『입춘(立春)』이란 작품에 오신채(五辛菜)가 등장한다. 오신채는 매운 맛이 나는 갓, 당귀, 미나리 등의 다섯 가지 나물을 겨자즙에 무친 것으로 입춘 날 오신채를 쟁반에 담아 이웃끼리 나눠 먹는 풍습이 있었다고 한다.

그뿐만 아니다. 홍만선(洪萬選, 1643~1715)의 『산림경제』를 살피면 山芥沈菜(산개침채), 즉 산갓김치가 등장하고 조선 중기 단천군수를 역임했던 이안눌(李安訥, 1571~1637)은 謝仁圓頭陀餽山芥沈菜(사인원두타궤산개침채), 즉 「인원의 스님이 산갓김치를 보내준 데 대해 사례하다」라는 작품을 남긴다.

이를 감안하면 갓을 김치로 담그어 먹기 시작한 일은 그야말로 고려 적 이야기로 고려 시절 혹은 그 이전부터라 추측할 수 있다. 이 부분에 대해 정점을 찍고자 조선 중기 문신인 황섬(黃暹, 1544~1616)의 작품 감상해본다.

산 갓

갓은 맛이 맵고 차서 이름 되었는데
눈과 얼음 사이 어두운 골에서 자라네
김치 담그면 붉은 기운 초벽 머금고
사람들 입에 들어가면 눈물 흘리게 하네

山芥菜(산개채)

芥以爲名辢味寒(개이위명랄미한)
好生陰壑雪冰間(호생음학설빙간)

淹菹紫氣含椒蘖(엄저자기함초벽)

入口令人涕出潸(입구영인체출산)

椒蘖(초벽)은 후추나무와 황경나무로 매우면서도 향기를 지니고 있다는 의미다. 그런데 왜 우리 선조들은 오래전부터 갓을 김치로 담그어 먹었을까. 그 이유를 여수 농협의 설명으로 대체한다.

돌산갓 김치는 독특한 맛뿐 아니라 항암과 노화방지 등에 필요한 다양한 영양소를 함유하고 있다. 또한 항산화성 물질인 카로티노이드가 다른 엽채류에 비해 다량 함유돼 있으며 이는 체내의 비타민A 선도물질로서 작용할 뿐 아니라 인체의 산화 및 노화방지, 항암 등에 관여하고 있다. 이와 함께 갓김치에 함유된 페놀류와 엽록소류 등은 유해활성산소를 제거하는 기능을 한다.

깻잎

고려 제17대 임금인 인종 시절 척준경이 이자겸의 난을 처결한 이후 『고려사절요』 기록이다.

왕이 일찍이 깨 다섯 되를 얻은 꿈을 꾸었다. 이를 척준경에게 말하니 준경이 대답하기를, "깨는 한자로 임(荏)이요, 임은 임(任) 자와 음이 같으니, 임(任) 자 성을 가진 후비를 맞을 징조요, 그 수가 다섯이란 것은 다섯 아들을 둘 상서입니다.

척준경은 이자겸과 함께 인종을 폐위하고자 대궐에 침입했다 왕의 권유로 뜻을 바꾸어 이자겸을 잡아 귀양 보내고 공신이 된 인물이다. 간략하게 이야기하자면 역사상으로 그저 그런 인물이라는 말이다.

그런데 그 척준경의 해몽이 후일 적중한다. 인종은 이자겸의 두 딸을 폐위시킨 이후 곧바로 중서령(中書令) 임원후(任元厚)의 딸을 비(공예왕후, 恭睿王后)로 맞이하고 그녀와의 사이에서 다섯 아들을 낳게 된다. 또한 다섯 아들 중에 세 아들이 모두 왕위에 오르니(첫째 아들 의종, 셋째 아들 명종, 다섯째 아들 신종) 척준경의 해몽에 감탄을 보내지 않을 수 없다.

그러나 척준경은 이자겸을 몰아낸 바로 이듬해에 정지상의 탄핵을 받고 그 역시 역사의 뒤안길로 사라지게 된다.

여하튼 깨는 참깨와 들깨 모두를 총칭하는 단어다. 그런데 참깨는 참깨 과에 속하고 들깨는 꿀풀 과에 속한다. 아울러 식용으로 사용하는 깻잎은 들깨 잎인바 먼저 들깨에 대해 살펴보도록 한다. 조선 말기 학자이며 독립운동가로 활약했던 이만도(李晚燾, 1842~1910)의 작품 「들깨」(荏子, 임자) 감상해보자.

비옥한 밭 한 귀퉁이에 경작하여
세 갈래로 담장 가까이 말렸네
마을 닭이 쪼아먹지 못하게 하고
골짝 새가 삼키는 걸 꺼려 했네
태양 비칠 때 넘어지지 않게 하고
바람 불 때 엎어지지 않게 하였네
한해 내내 힘을 다하여 쌓아
등불 켜 밝은 세상 마주하네

一分畊貝畝(일분경패묘)
三足晒墙堧(삼족쇄장연)
謹避村鷄啄(근피촌계탁)
還嫌谷鳥咽(환혐곡조연)
日熏防倒落(일훈방도락)

風撼護旁顚(풍색호방전)

積以終年力(적이종년력)

照來不夜天(조래불야천)

들깨는 앞서 등장한 대로 한자로 荏(임)인바 깨는 荏子(임자) 그리고 그 깨의 잎을 荏葉(임엽)으로 표기하는데 깻잎에 대해 이야기해 보자.

필자가 어린 시절 집을 나서면 여기저기서 깨를 볼 수 있었고 우리 집에서도 밭농사의 일환으로 깨를 재배했었다. 그런데 아무리 기억을 짜내보아도 깻잎을 식용했던 기억은 전무하다. 그저 산과 들판에서 놀다 뱀에 물리면 깻잎을 으깨어 즙을 내어 먹거나 즙을 내고 난 찌꺼기를 물린 곳에 바르는 정도였다.

물론 과거에도 깻잎을 식용했다는 기록은 존재하지 않는데 그 깻잎이 어느 순간 식탁에 오르기 시작했고 급기야 각광받는 음식으로 거듭나고 있다. 이를 살피면 불현듯 돼지감자가 떠오른다.

어린 시절 우리 집 뒤켠에 돼지감자가 자생하고 있었고, 급기야 호기심이 발동하여 그 뿌리, 즉 돼지감자를 입에 넣고 깨문 즉시 뱉어버렸었다. 이후 돼지감자는 돼지들이 먹는 감자 정도로 생각했는데 어느 순간 귀한 음식으로 자리매김했다.

깻잎 역시 돼지감자처럼 현대에 들어 효능이 밝혀지면서 친숙해진 게 아닌가 하는 생각 하고는 한다. 참고로 깻잎을 식용하는 나라는 일본과 우리나라밖에 없고 특히 생깻잎을 먹는 나라는 우리

나라가 유일무이하다는 사실을 밝히며 그 효능에 대해 살펴본다. 《주간경향》에 실린 기사 인용한다.

> 깻잎은 채소류 중에 철분이 많기로 유명하다. 100g당 2.5mg의 철분이 들어 있어 깻잎 30g만 섭취하면 하루에 필요한 철분의 양을 채운다. 칼슘·칼륨 등 무기질과 비타민 A·비타민 C도 풍부하게 함유돼 있다. 따라서 흡연자가 소진된 비타민 성분을 보충하는 데 도움이 된다.
>
> 암과 각종 성인병 예방에도 좋다. 깻잎 안에 있는 식물화합물 파이톨(Phytol)이 암세포를 골라내 파괴하기 때문이다. 이 물질은 또 병원성 대장균이나 다른 병원성 균도 제거하고, 인체의 면역 기능을 강화시킨다. 깻잎은 파이톨 말고도 ETA나 엽록소 등 암을 예방하는 물질을 가지고 있다. 피부에 주름이 생기는 것을 억제하는 효능도 있어 피부 미용에 좋다.[3]

깨와 관련하여 이응희가 작품 남겼다. 감상해보자.

---

3) 출처: 김경은, '잎들깨 - 암과 성인병 예방, 주름 억제 효능', 《주간경향》, 2009.3.24.

깨

농가에서 여러 곡식 심는데
이 곡식 어찌 심지 않겠는가
가는 옥 상자에 가득하고
향기로운 기름 가득 담았네
삼충 거의 다 제거할 수 있어
오장 모두 번영할 수 있네
세상에 깨 혜택 없으면
어찌 이내 삶 보전하리오

荏(임)

田家種百穀(전가종백곡)

此物寧不營(차물녕불영)

細玉盈箱穫(세옥영상확)

香油滿甕盛(향유만옹성)

三蟲能去盡(삼충능거진)

五內得滋榮(오내득자영)

擧世無君澤(거세무군택)

何由保此生(하유보차생)

들깨

참깨 다음으로 귀하지만
이름과 색 같지 않네
좁쌀 가루 금주머니 가득하고
검은 구슬 초록 자루에 가득하네
혜택은 회문 쓴 여인에게 미쳤고
공로는 주역 점 찍은 노인에게 많네
밝은 빛이 밤을 낮처럼 밝히니
좋은 곡식들 이와 다툴 게 없네

水荏(수임)

副居眞荏貴(부거진임귀)
名幷色無同(명병색무동)
粉粟盈金朶(분속영금타)
玄珠滿綠縫(현주만록봉)
澤及回文婦(택급회문부)[4]

---

4) 澤及回文婦(택급회문부): 전진(前秦) 때 두도(竇滔)가 진주 자사(秦州刺史)가 되어 멀리 유사
(流沙)로 가게 되었다. 이에 그의 아내 소씨가 그리운 마음을 담아, 전후좌우 어디로 읽어도
문장이 되는 「회문선도시(回文旋圖詩)」를 지어 비단에 수놓아 보냈다고 한다. 즉, 소씨가 「회
문선도시」를 쓸 때 들깨 기름 등잔 아래서 수를 놓았다는 뜻이다.

功多點易翁(공다점역옹)[5]

明光能繼晷(명광능계귀)

嘉穀未爭雄(가곡미쟁웅)

아울러 이응희는 들깨에 대해 다음과 같이 덧붙였다.

> 오장을 윤택하게 하고 삼충을 죽이고 머리털을 부드럽게 하고
> 음식 맛을 보태는 것은 비록 참깨에 비길 바가 아니다. 하나 담
> 기(痰氣)를 가라앉히고 체증을 없애고 수도(水道)를 틔우고 안
> 색을 좋게 하는 효능은 소자(蘇子, 차조기)와 같으며, 등잔 기름
> 으로 밤을 밝히는 공효와 기름으로 방습하는 쓰임새는 실로
> 오곡 중에서 가장 유익하다. 그 잎은 9월에 따서 응달에 말려
> 놓았다가 달여서 복용하면 몸 냄새를 없애고 호취(狐臭, 겨드랑
> 이에서 나는 노린내)를 감추는 효능이 있다고 한다.

이응희 역시 깻잎의 약용에 대해 언급하였는데, 암내(겨드랑이에
서 나는 고약한 냄새)가 심한 사람들은 새겨둘 만하다.

---

5) 功多點易翁(공다점역옹): 당나라 때 신선을 매우 좋아했던 고변(高騈)의 「보허사(步虛詞)」에
    '청계산 도사를 사람들은 알지 못하니, 하늘을 오르내리는 학 한 마리뿐이로다. 동굴 문 깊
    이 잠기고 푸른 창은 춥기만 한데, 이슬방울로 주묵 갈아 주역에 권점 찍노라' 하였다. 주역
    에 권점 찍을 때 등잔 기름으로 들깨 기름을 썼다는 뜻이다.

고구마줄기

식용하는 고구마줄기는 고구마 원줄기의 생장점에 잎이 붙어 있는 줄기를 지칭하는바 고구마줄기에 앞서 고구마에 대해 살펴보도록 한다. 먼저 고구마가 이 땅에 전래된 과정에 대해서다.

이를 위해 이유원(李裕元, 1814~1888)의 『임하필기』에 실려 있는 글 인용한다.

> 고구마는 채과 중에서 가장 뒤에 나온 것이다. 이는 기근을 구제할 수 있고 생명을 연장할 수 있으며, 또 황충을 막고 가뭄을 줄일 수 있다. 처음에 민(閩, 복건성)·광(廣, 광서성) 지역으로부터 시작하여 거의 천하에 퍼졌다.
>
> 그러나 유독 우리나라는 근래에 와서 일본에서 종자를 구입하여 연해의 몇몇 고을에서 서로 전하여 심게 되었을 뿐이고, 산간의 백성들은 고구마가 무슨 물건인지 알지 못하였다.
>
> 순조 갑오년(1834, 순조34)에 서유구(徐有榘)가 호남에 관찰사로 나가 급히 고구마 종자를 찾게 하여 모든 고을에 반포하고, 또 명나라 서현호(徐玄扈)의 감저소(甘藷疏)와 우리나라의 강필리(姜必履)와 김장순(金長淳)이 지은 『감저보(甘藷譜)』, 『감저신보(甘藷新譜)』를 취하여 종류별로 편집하고 간행한 다음 널리 배

포하여, 심고 가꾸는 방법을 알게 하였다. 내가 서공에게서 찐 고구마를 얻어 먹어 보니 떡 같은 것이 매우 맛이 좋았으므로 그 방법을 취하였다.

고구마와 관련하여 우리는 학창 시절 국사 교과서를 통해 1763년(영조39) 통신사로 일본에 갔던 조엄(趙曮, 1719~1777)이 고구마 종자를 가져와 우리나라에 전파시켰다고 배운 바 있다. 그런데 과연 그러할까.

조선후기 실학자인 이덕무(李德懋, 1741~1793)의 이야기 들어보자. 그의 작품인 『청장관전서』에 실려 있다.

고구마는 담배에 비해 이득이 매우 많은데 그 종자를 전해온 지 이미 3백 년이 지났지만 아직도 전국에 고루 심어지지 않았으니 어찌 개탄할 일이 아니겠는가.

朱諸比烟。利益甚多。而僅傳其種。已近三紀。未見遍植一國。寧不慨然。

다음으로 정약용(丁若鏞, 1762~1836)이 강진 유배생활 중에 지은 작품 중 일부 인용한다.

토산은 귀한 고구마인데
그를 구하러 사람들 모여드네

土產貴藷芋(토산귀저우)

求者此湊會(구자차주회)

　정약용에 의하면 고구마는 강진의 귀한 토산이었다. 土產은 말 그대로 그 지방의 산물로 오랜 기간 경작되어 왔음을 의미한다. 이유원과, 이덕무 그리고 정약용의 이야기를 접목시켜보면 다음과 같은 결론에 도달할 수 있다.

　　고구마는 조선 초기 중국의 민(閩, 복건성)·광(廣, 광서성) 지역으로부터 전래되어 강진 등 소수 지역에서만 경작되었는데, 조엄이 일본으로부터 고구마 종자를 들여온 이후 전국으로 확산되기 시작했다.

　이제 고구마줄기에 대해 언급하자. 과거 기록을 살피면 고구마줄기를 식용한 대목은 좀처럼 찾기 어렵다. 그저 가축 사료 정도로 이용되었는데 현대에 들어 그 가치가 밝혀지면서 각광받고 있는 듯 보인다. 아울러 고구마줄기 김치는 1960년대에 공식으로 등장한다는 사실 귀띔하면서 그 효능 밝힌다. 《헤럴드 경제》에 실려 있는 글 인용한다.[6]

---

6)　출처: 김현경, '달달하고 영양 풍부한… 가을의 꿀맛 고구마 납시오', 《헤럴드 경제》, 2016.9.22.

고구마줄기는 탄수화물, 당류, 단백질 등의 에너지원을 비롯해 칼슘, 칼륨 등의 무기질을 함유하고 있다. 또한 면역 조절력과 항산화 효과가 뛰어난 클로로겐산도 풍부하다. 고구마줄기에는 뿌리보다 비타민 C가 더 많으며, 고구마줄기의 단백질은 배추나 상추보다 많다. 특히 말린 고구마줄기에는 우유의 11배, 육류의 124배에 해당하는 칼슘이 들어 있다.

이 대목에서 고구마 꽃에 대해 언급하고 넘어가자. 많은 사람들이 고구마는 무화과처럼 꽃을 피우지 않는 것으로 알고 있기 때문이다. 그러나 그렇지 않다. 아열대 식물인 고구마에게 이 나라 기후가 맞지 않은 관계로 꽃을 피우지 않았을 뿐으로, 올 여름 이상 고온으로 인해 기어코 고구마 꽃이 아름다운 자태를 드러냈다. 100년에 한 번 정도 모습을 드러내고 또 그래서 행운을 상징하는 고구마 꽃 감상해보기를 권한다.

고들빼기

먼저 고들빼기란 명칭의 어원에 대해 살펴보자. 고들빼기와 유사한 씀바귀 때문에 그러하다. 그를 위해 이익(李瀷, 1681~1763)의 『성호사설』에 실린 글 인용한다.

4월, 씀바귀의 이삭이 팬다(苦菜秀)

고채(苦菜)는 씀바귀이다. 『이아(爾雅)』에 '잎은 고거(苦苣)와 비슷하지만 가늘다. 자르면 흰 즙이 나온다. 노란 꽃은 국화와 비슷하다. 먹을 수 있지만 쓰다. 만추에 나서 겨울과 봄을 겪고 나서야 다 자란다'라고 하였다. 이삭이 팬다는 것은 이삭을 이루고 죽는다는 것이다. 『여람(呂覽)』에 '하지에 씀바귀가 죽는다'라고 하였다.

상기 글에 등장하는 秀(수)는 '이삭이 나와 꽃이 피다'라는 의미를 지니고, 『이아』는 중국 당나라 때 유교 경전이며 『여람』은 '여씨춘추'로 중국 진(秦)나라의 여불위가 학자들에게 편찬하게 한 사론서이다.

이제 고채에 주목해보자. 이익은 '苦菜荼也(고채도야)'라 하여 '고채'를 씀바귀라 못박았다. 그런데 뒤 이어 인용한 글 내용을 살피면 씀바귀가 아니라 고들빼기를 설명하고 있다. 왜냐, 씀바귀는 여러해 살이 풀인 반면 고들빼기는 해넘이 한해살이 풀이기 때문이다.

또한 상기 글에 고거가 등장하는데 글 내용을 살피면 이 고거가 고들빼기를 의미하는 듯하다. 실제로 씀바귀 잎은 고들빼기 잎보다 가늘기 때문이고, 그를 반영하듯 다수의 사람들이 고거를 고들빼기로 정의 내리고 있다.

여하튼 이익의 상기 글은 뒤죽박죽이다. 씀바귀와 고들빼기 어느 하나를 정확하게 지칭하지 못하고 있다. 이를 살피면 오래전에는 씀바귀와 고들빼기를 포함하여 쓴 나물을 모두 고채라 지칭했던 건 아닐까 하는 의심 지니게 한다.

이를 감안하고 『한국민족문화대백과』에 실려 있는 고들빼기 관련 글 인용해본다.

> 『동의보감』, 『제물보』, 『물명고』, 『명물기략』에서는 '고채(苦菜)'라 하였다. 『명물기략』에는 '고채는 고도(苦茶)라고도 하는데, 이것이 고독바기가 되었다. 고들빼기의 대궁을 자르면 흰 즙이 나오는데, 이것을 사마귀에 떨어뜨리면 저절로 떨어진다. 이 흰 즙이 젖과 비슷하여 젖나물이라고 한다'라고 명칭의 유래를 밝히고 있다.

이 글 역시 헷갈리기는 마찬가지다. 고도(苦茶)는 쓴 씀바귀를 의미하기 때문이다. 아울러 고도가 고독바기가 되었다고 하는데 이 대목도 문제 있다. 명물기략이 세상에 모습을 드러낸 시기보다 100여 년 전인 정조 시절에 정리소(整理所)에서 올린 나물 품목 중에 古乭朴(고돌박)이 등장한다.

참고로, 정리소는 정조 시절 임금의 친림행사를 위해 수원에 세운 관아로 古乭朴(고돌박)은 고들빼기의 세속의 이름으로 볼 수 있다. 또한 허준의 『동의보감』에는 고채(苦菜)의 훈(訓)은 씀바귀(徐音朴塊, 서음박귀)라 기록되어 있다.

이러한 기록들을 살피면 오래전에는 고들빼기와 씀바귀의 유사한 모습과 쓴 성질 때문에 모두 고채로 불리었고 세속의 이름은 고돌박과 씀바귀로 분리되어 있었다 정의 내릴 수 있다. 여하튼 고들빼기의 실체에 접근해보자. 《문화일보》에 실린 기사로 대체한다.

국화과 식물인 고들빼기에는 비타민이 많이 들어 있다. 또 쓴 맛을 내는 사포닌 성분도 풍부해 위장을 튼튼하게 하고 소화 기능을 좋게 하는 효능이 있다. 이와 함께 고들빼기는 잠을 몰아내는 효과도 있어 수험생에게 도움을 준다고 알려져 있다. 그래서 한방에서는 진정제와 위장병 치료 약제로 고들빼기가 애용되고 있다.

또 고들빼기는 내장의 나쁜 기를 없애주고 열을 내려주며 몸과 마음을 안정시켜주는 효과로 스트레스 해소에도 도움이 되는 것으로 알려져 있다.

한편 최근에는 고들빼기에 항암 효과가 있다는 주장이 제기돼 주목을 받기도 했다. 국내 한 대학의 연구소에서 암을 예방해 주는 성분 가운데 토코페롤이라는 것이 있는데 고들빼기에 이 성분이 다량 함유돼 있다는 연구 결과를 내놓았다. 또 이 연구소는 고들빼기가 콜레스테롤 강하, 당뇨병 개선, 습진 치료와 함께 동맥경화와 같은 혈관질환 예방에도 효과가 있다고 주장했다.[7]

---

7)　출처: 박팔령, '고들빼기 효능', 《문화일보》, 2011.10.19.

고사리

고사리 캐며 부르는 노래

저 서산으로 올라가

고사리 캐었네

악을 악으로 바꾸면서

그게 아닌 걸 알지 못하네

신농과 우·하처럼 선양하던 시대 홀연히 지나가 버렸으니

나는 어디에 의지할까

아, 떠나가자

내 명 다하였구나

채미가(采薇歌)

登彼西山兮(등피서산혜)

採其薇矣(채기미의)

以暴易暴兮(이폭역폭혜)

不知其非矣(부지기비의)

神農虞夏忽焉沒兮(신농우하홀언몰혜)

我安適歸矣(아안적귀의)

於嗟徂兮(어차조혜)

命之衰矣(명지쇠의)

　상기 노래는 중국 춘추전국시대 당시 백이(伯夷)와 숙제(叔齊)가 주나라 무왕(周武王)에게 은(殷)나라를 치지 말 것을 충간했음에도 불구하고 은나라를 멸망시키자 산속으로 들어가 고사리만 캐먹으면서 부르던 노래다.

　결국 백이와 숙제는 수양산에서 굶어 죽었는데, 이후 고사리는 선비의 지조와 절개를 상징하는 나물로 자리매김한다. 그리고 이 일로 그 두 사람에 대해 공자는 '어질다' 하였으며 맹자는 '성인 중에 맑은 자'라고 일컬었다.

　그런데 이 대목에서 의문이 일어난다. 굶어 죽으려고 작정한 사람들이 왜 고사리를 먹었느냐 하는 대목이다. 그냥 아무것도 먹지 않고 죽음을 선택하면 될 일인데 굳이 고사리를 캐먹으며, 더하여 노래까지 부른 그 이유가 무엇인지 궁금하지 않을 수 없다.

　이와 관련 혹자는 두 사람이 고사리를 캐먹은 일에 대해 주나라의 녹봉을 거부했다는 의미로 해석하지만 필자는 달리 생각한다. 즉, 고사리에 함유되어 있는 브라켄톡신이라는 발암물질 때문이다.

　현대 의학에서 그 용어를 명확하게 지칭하고 있지만, 그 무렵에도 고사리의 위해 성분에 대해 백이와 숙제도 잘 알고 있었으리라 생각한다. 아울러 백이와 숙제는 고사리를 섭취함으로써 일찌감치 죽음을 선택한 게 아닌가 하는 생각하게 된다.

고사리에는 상기에 언급한 대로 발암물질이 함유되어 있는 것으로 알려져 있다. 물론 고사리를 생(生)으로 먹었을 경우에 한한다. 그러나 고사리를 삶으면 그 성분은 사라지고 인체에 미치는 영향 역시 없어지며 영양의 보고로 변신한다. 따라서 필자는 고사리를 '대반전의 나물'로 지칭하고는 한다.

왜 고사리가 대반전의 식재료인지 각종 언론에 실린 글 요약해 본다. 부연하지만, 익혀 먹었을 경우에 한한다.

첫째, 고사리에는 식이섬유와 각종 무기질이 풍부해 장운동을 촉진시켜 배변활동을 활발하게 도와주므로 변비 예방에 좋다. 또한 칼로리가 낮아 다이어트에도 좋고 이뇨작용을 활발하게 하는 데 탁월한 효과가 있다.

둘째, 고사리에 함유되어 있는 산성 다당류와 기능성 다당류는 면역력을 강화시켜준다.

셋째, 고사리에 함유되어 있는 칼륨은 체내의 나트륨을 체외로 배출시켜주기 때문에 혈중콜레스테롤과 혈압의 수치를 낮춰 심혈관질환을 예방하는 데 도움이 되기도 한다.

넷째, 고사리는 간세포의 기능을 활성화시켜 간 세포를 해독시키고 간 기능을 강화하는 효능이 있다.

이에 첨언하면 고사리는 피를 맑게 하고 머리를 맑게 하기에 중요한 시험을 앞둔 수험생들의 권장식품으로도 알려져 있다. 이 외에도 여러 연구 결과가 보고되고 있지만 고사리를 삶아 섭취하면 영양의 보고로 변신한다. 이를 이응희와 서거정이 놓칠 리 없다. 먼저 이응희 작품이다.

고사리

산속이 봄비로 축축해지니
새롭게 돋아난 고사리순 꺾을 때라네
짧은 머리 아이 주먹처럼 조그마하고
긴 줄기 옥 젓가락처럼 기이하네
술 마실 때 달이면 향기 좋고
식사할 때 국 끓이면 연하다네
만약 황공이 먹었다면
어찌 애써 붉은 영지 캤겠는가

蕨(궐)

山中春雨洽(산중춘우흡)
新折蕨芽時(신절궐아시)
短頸兒拳小(단경아권소)
長莖玉節奇(장경옥저기)

持盃香煎好(지배향전호)

當食軟湯宜(당식연탕의)

若使黃公食(약사황공식)

何勞採紫芝(하로채자지)

이응희에 의하면 고사리가 紫芝(자지, 붉은 영지)보다 좋다는 이야기로 황공은 진(秦)나라 말기에 난리를 피하여 상산(商山)에 은거한 상산사호(商山四皓) 중 한 사람인 하황공(夏黃公)을 가리킨다.

이들은 한 고조(漢高祖)의 초빙에도 응하지 않고 자지를 캐 먹고 지내면서 「자지가(紫芝歌)」를 지어 스스로 노래했는데, 그 가사에 '무성한 자지여, 요기할 만하도다. 요순시대는 이미 지나갔으니, 우리가 어디로 돌아갈거나' 하였다.

다음은 서거정 작품이다.

고사리

누가 서산의 종자 캐왔는가

내게 와 눈 앞에 가득하네

마땅히 노인의 배 채우고

어린아이 주먹에 비함 알겠네

좋은 맛은 원래 담백한데

맑은 향은 누린내 풍기지 않네

하증은 어떤 사람이기에
한 끼에 천전을 지불했는가

蕨(궐)

誰採西山種(수채서산종)
能來滿眼前(능래만안전)
宜充老人腹(의충노인복)
解比小兒拳(해비소아권)
滋味元來淡(자미원래담)
淸香不染羶(청향불염전)
何曾何似者(하증하사자)
一食費千錢(일식불천전)

마지막 부분에 대한 부연 설명이다.

진 무제(晉武帝) 때 벼슬이 태위(太尉)에 이른 하증은 본디 호사하기를 좋아하여 궁실, 거마, 의복, 음식 등에 있어 모두 왕자(王者)보다 사치하기를 힘썼는데, 특히 날마다 만 전(錢)어치씩의 음식을 차려 먹으면서도 오히려 '젓가락을 내려 집을 것이 없다'라고까지 했던 데서 온 말이다.

고추

　고추 하면 아직도 머릿속에 생생하게 그려지는 모습이 있다. 5년 터울로 남자 동생이 태어나던 날이었다. 동생이 세상에 모습을 드러내고 울음을 터트린 그 순간 아버지께서 우리 집 대문에 잘생긴 빨간 고추 너덧 개를 꽂은 새끼줄을 거셨다.

　그게 이상해서 아버지께 그 이유를 물어본즉 '부정한 기운이 집에 들어오면 동생과 어머니께 해가 될까 보아 그를 방지하기 위해 걸었다'는 식의 답변과 그 풍속이 오래전부터 이어져왔다는 이야기 역시 이어졌다.

　그런데 참으로 어처구니없던 대목이, 바로 그 고추가 임진란을 통해 왜(일본)로부터 들어왔다는 부분이었다. 또한 이 말이 정설로 굳어져 있단다. 참으로 황당하지 않을 수 없는 대목이다. 오래된 풍속도 그러하지만 하필이면 왜로부터 들어온 고추로 부정한 기운을 쫓고자 하였는지 이해불가다.

　그런데 이를 의아하게 생각하며 조사하는 중에 현재 알려져 있는 고추의 기원과 또 청양고추에 대한 진실에 접근하게 된다. 먼저 이 땅에 언제부터 고추가 존재했느냐에 대한 문제다. 그 시작에 대한 근거는 발견하지 못하였으나 임진란 이전에도 고추가 존재했었다는 사실 확인하게 된다.

연산군으로부터 손녀를 궁중에 들이라는 왕명을 거역해 교살당한 홍귀달(洪貴達, 1438~1504)의 「**주흘산 사당에서(主屹神祠, 주흘신사)**」란 작품 중 일부 살펴보자.

솔과 잣나무 뒤덮인 영궁 안에서
고추장으로 풍년 기원하네

松柏靈宮裏(송백영궁리)
椒醬賽歲功(초장새세공)

상기 작품에 등장하는 椒醬(초장)이 바로 고추장으로, 고추장을 제수로 풍년을 기원했다는 대목이 등장한다. 그런데 이 椒醬에 대해 혹자는 '초로 빚은 술'을 언급하기도 한다. 이는 오류다. 그런 경우라면 椒醬(초장)이 아니라 椒酒(초주)로 기록되어야 하기 때문이다.

椒醬(초장)에 대한 이해를 높이기 위해 정약용이 강진에 유배되어 있을 당시 남겼던 작품 중 일부 실어본다.

상추에 보리밥을 둥그렇게 싸 삼키고
파뿌리에 고추장을 곁들여 먹는다

萵葉團包麥飯呑(와엽단포맥반탄)
合同椒醬與葱根(합동초장여총근)

이를 살피면 현재 통설로 굳어져 있는, 고추가 임진란을 통해 최초로 일본으로부터 전해졌다는 이야기는 그저 속설에 불과할 뿐이다. 그를 상기하고 이제 청양고추의 진실에 접근해보자.

혹자는 청양고추의 원산지를 충청남도 청양으로 알고 있는데 이역시 오류다. 국립종자관리소에 청양고추의 품종개발자로 등록되어 있는 '유일웅' 박사 이야기 들어보자.

> 청양고추 품종은 제주산과 태국산 고추를 잡종 교배하여 만든 것으로 경상북도 청송군과 영양군 일대에서 임상재배에 성공하였으며, 현지 농가의 요청에 의해 청송의 청(靑), 영양의 양(陽)자를 따서 청양고추로 명명하여 품종 등록하였다.[8]

각설하고, 한자로 苦椒(고초)라 표기하는 고추는 고진감래(苦盡甘來)란 사자성어를 연상시킨다. 이는 쓴 것이 다하면 단 것이 온다는 뜻으로, 고생 끝에 즐거움이 온다는 의미인데 고추가 딱 그러하다.

맛은 맵지만 그를 참아내면 고추는 그야말로 영양의 보고이기 때문이다. 비타민, 단백질, 섬유질, 칼슘, 철분 등 각종 영양소가 풍부하게 들어 있고 특히 고추에 함유된 비타민 C는 감귤의 2배, 사과의 30배라고 알려져 있다.

이를 염두에 두고 김창업(金昌業, 1658~1721) 작품 감상해보자.

---

8) 출처: 위키백과.

고추

구이에서 왔지만 비루하지 않고
맛과 냄새는 생강과 계피에 가깝네
매운 맛 사람들 입맛에 맞아
끝내 신농씨 세상 이루네

番椒(번초)

居夷未足陋(거이미족루)
氣味親薑桂(기미친강계)
幸爲野人嘗(신위야인상)
終遠神農世(종원신농세)

거이(居夷)는 거구이(居九夷)의 준말로 '구이에 거하다'라는 의미다. 구이는 동이(東夷, 동쪽 오랑캐)의 아홉 부족을 지칭하는데 구체적으로 어느 민족을 언급하는지는 알 수 없다. 그러나 제목에 등장하는 番(번)은 몽고를 지칭하는바 이를 감안하면 고추가 여러 곳에서 전래된 게 아닌가 추측해본다.

여하튼 김창업은 고추로 신농 세상 이룬다고 했다. 신농은 신농씨로 중국 전설에 등장하는 제왕으로 백성들에게 농사짓는 방법을 가르쳐주었다고 하는데, 김창업에 의하면 고추로 농사의 완성을 이루었다는 의미로 받아들여도 무방하다.

곤드레

'곤드레'라는 말을 처음 접한 시기는 20대 막판 무렵 JP(김종필 전 총리) 주도로 이루어진 술자리에서였다. 잔을 채우자 느닷없이 JP께서 제안하신다. 당신이 '곤드레'를 선창할 터이니 '만드레'로 화답하라고.

의아해하며 그를 따라하자 그에 대한 설명이 이어진다. 당신이 제안한 건배사, '곤드레만드레'는 그야말로 허리띠 끌러놓고 정신은 물론 몸도 제대로 가누지 못할 정도로 흠뻑 취해보자는 이야기였다.

당연히 그리해야 할 일로 그 좌석은 물론 이후 JP와 술자리를 가지게 되면 항상 '곤드레'와 '만드레'를 외치며 잔을 비우고 시쳇말로 '떡이 되어' 귀가하고는 했다.

JP의 건배사인 곤드레만드레에 대해 우리 선조들은 어떤 표현을 사용했는지 궁금하다. 하여 고문서를 살피자 醉如泥(취여니), 醉作泥(취작니), 醉似泥(취사니) 등이 등장한다. 말 그대로 진창(泥)이 되도록 취한다는 의미로, 애주가인 필자로서 선조들의 호방함을 엿볼 수 있는 대목이 아닐 수 없다.

내친 김에 필자의 건배사 '애주가를 위하여'에 대해서도 소개해보자. 소설가로 변신한 어느 한날 이 사회에서 잘나가는 친구들을 만나 술자리를 가지게 되었는데, 술자리가 무르익자 서로 제가 잘 났다고 목소리를 높이기 시작했다.

가만히 그를 지켜보다 술잔을 들고는 대뜸 한마디 했다. 이 땅에서 가장 끗발 좋은 자가 누군지 아냐고. 그러자 이 친구들 서로의 얼굴을 바라보다 나를 주시한다. 순간 곧바로 다음 말을 이어간다. '가' 자로 끝나는데 감이 오지 않냐고.

그러자 약속이라도 한 듯 '소설가'를 되뇐다. 그들의 얼굴을 찬찬히 살피며 답한다. "소설가 같은 소리하고 있네. 소설가가 아니라 애주가야, 이 자식들아!" 그러자 좌석은 잠시 폭소판으로 변하고 이어 필자의 건배사 '애주가를', '위하여'가 이어진다.

이제 나물 곤드레로 돌아가자. 곤드레라는 나물 이름에 대해 혹자는 바람에 흔들리는 잎사귀가 마치 술 취한 사람과 같다 해서 붙은 이름이라 하고 또한 민들레나 둥굴레처럼 곤드레의 원이름은 곤들레였다고도 한다.

그에 대한 정확한 사실은 알 수 없으나 필자는 그 이름의 기원을 '곤'에서 찾고자 한다. 곤은 물론 困(곤)으로 곤궁함을 의미한다. 곤궁한 시기에 들판 여기저기서, 즉 '들'에서 자라나는 나물로 굶주림을 해결했다 해서 '곤들에'로 또 '곤드레'로 변한 게 아닌지 추측해 본다,

이를 위해 강원도 무형문화재 제1호인 **「정선 아리랑」** 가사 중 일부 인용한다.

한 치 뒷산에 곤드레 딱죽이 임의 맛만 같다면

올 같은 흉년에도 봄 살아나네

「정선 아리랑」은 조선 건국 직후 정선 전 씨의 중시조인 전오륜 등 고려 충신 7인이 정선 서운산으로 피신하여 고려왕조에 대한 충절을 맹세하며 여생을 산나물을 뜯어먹고 살면서 자신들의 정한을 담아 부른 노래로 알려져 있다. 그 과정에 등장하는 대표적 나물이 곤드레였으니 필자의 추측이 마냥 그르다 할 수 없다.

여하튼 우리 선조들은 곤드레로 곤궁한 시기를 무난히 극복할 수 있었는데 그 이유를 풀어본다. 《대한급식신문》에 실린 기사 인용한다.

곤드레나물의 정식 명칭은 '고려엉겅퀴'로 담백하고 영양가가 풍부하여 우리나라의 산나물 500여 종 중에서 으뜸으로 꼽히는데 단백질, 칼슘, 비타민 등이 고루 들어 있어 소화도 잘되고 혈액순환을 돕는 등 건강식으로 알려져 최근에는 당뇨, 고혈압 등 성인병에 좋은 식품으로 귀한 대접을 받고 있다.

또한 탄수화물과 섬유질이 매우 풍부하고 인과 철분 등의 무기질이 많이 들어 있다. 비타민 A, B_1, B_2 등 비타민이 고루 들어 있으며 잎에는 알칼로이드 정유성분도 함유되어 있다. 그리고 뿌리에는 타락사스테릴아세트산, 스티그마스테롤, 알파아미린, 베타아미린, 베타시토스테롤이 함유되어 있다.[9]

---

9) 출처: 충청남도청, '건강밥상 이야기 '곤드레 나물밥'', 《대한급식신문》, 2017.12.11.

냉이

조선 초기 인물로, 『용재총화』로 널리 알려진 성현(成俔, 1439~1504) 작품 감상해보자.

냉이 꽃

향기로운 뿌리로부터 무더기로 태어나니
달고 연해 국 끓이면 맛 일품인데
눈 남은 길 위에 푸른 잎 자라나고
늦 봄 그늘진 담장에 흰 꽃 무성하네
오계의 들 밖에서 어느 사람이 캐는가
만호의 성 안에서 근으로 달아 파네
오래된 곡식 떨어지고 햇보리도 부족하면
주린 농부 고통스럽게 아침저녁 넘긴다네

薺花(제화)

叢生盤地托芳根(총생반지탁방근)
甘軟調羹自媚飱(감연조갱자미손)

陌上雪殘靑葉長(맥상설잔청엽장)

墻陰春老素花繁(장음춘로소화번)

五溪野外人誰採(오계야외인수채)

萬落城中賣作斤(만락성중매작근)

舊穀旣空新麥短(구곡기공신맥단)

饞農辛苦度朝昏(탐농신고도조혼)

성현이 냉이 꽃을 바라보며 냉이에 대해 읊은 시다. 여기 흥미로
운 표현이 등장한다. 냉이가 그저 그렇고 그런 나물이 아니라 보릿
고개에 직면하여 먹을 음식이 모두 동났을 때 구황식품으로도 사
용되었다고 하는 대목이다. 구황식품이란 말 그대로 식량이 부족
할 때 곡식 대신 먹는 식품인데 냉이가 바로 그러하다는 이야기다.

정말 그럴까. 이를 위해 중국 송대의 유학자로 주자학을 집대성
한 주희의 문인 채원정(蔡元定)이라는 인물에 대해 살펴본다. 고전
을 살피면 그는 스승인 주희를 만나기 전 서산 꼭대기에 올라 냉이
나물로 연명하며 글을 읽었다고 한다.

또 있다. 고려 말 대유학자인 이색(李穡, 1328~1396)의 작품 「스스
로 읊다(自詠, 자영)」에 등장하는 대목이다.

담장 주위에 피어난 냉이라도 사람들이 배불리 먹고 허기를
면했으면

繞墻老薺望人肥(요장로제망인비)

『본초강목(本草綱目)』에서 '왕성하고 풍성한 풀'로 규정 내린 냉이의 실체를 살펴본다. 《아시아경제》에 실린 글 인용한다.

냉이는 칼슘과 철분, 단백질 등 각종 영양소가 다량 함유되어 있어 냉이 한 주먹을 요리해 먹으면 하루 필요한 무기질을 모두 섭취할 수 있을 정도로 '만능 식품'으로 알려져 있다. 냉이의 구체적 효능으로는 소화 촉진, 눈 건강, 항암 효과, 지혈 작용, 피로회복 등이 있다.

냉이의 오묘한 향은 소화액을 분비시켜 소화를 촉진시켜 주는 효과를 지닌다. 또한 냉이에 풍부한 비타민 A는 눈과 간을 튼튼하게 해주며, 단백질과 비타민 역시 풍부해 항암에도 효과가 좋다.

냉이는 간에 쌓인 독을 풀어주고 간 기능을 정상으로 회복하게 하며 지방간을 치료하는 데 매우 좋다. 수시로 냉이를 먹으면 위, 간, 장의 기능이 모두 좋아진다.

한의학에서는 냉이를 이질이나 설사, 출혈을 멎게 하는 약으로 많이 쓴다. 자궁 출혈이나 토혈, 폐결핵으로 인한 각혈, 치질로 인한 출혈 등에는 냉이 80~100g을 물로 달여 마시거나 약성이 남게 검게 태워 먹으면 효험이 있다고 전해진다.[10]

---

10) 출처: 강현영, '냉이의 효능', 《아시아경제》, 2016.3.3.

마지막으로 서거정 작품 감상해보자.

냉이

고기 먹을 일 원래 없는데
봄날 부엌에 냉이 나물 향기롭네
국에 넣으면 기막히게 맛나
밥을 더하니 속이 든든하네
보드랍기는 어찌 우유뿐이랴
달기는 사탕수수보다 훨씬 낫네
손님 오면 자랑하고 싶네
제일가는 고량진미라고

薺(제)

食肉元無相(식육원무상)
春廚薺菜香(춘주제채향)
和羹能悅口(화갱능열구)
佐食足撑腸(좌식족탱장)
軟滑何須酪(연활하수락)
甛甘絶勝糖(첨감절승당)
客來吾欲詫(객래오욕타)
第一是膏粱(제일시고량)

냉이에 대한 극찬이 멈추지 않는다. 급기야 서거정은 냉이를 고량진미라 추커세운다. 고량진미(膏粱珍味)는 기름진 고기와 밥으로 이루어진 대단히 귀한 음식인바 냉이가 바로 그러하단다.

다래순

이민구 작품이다.

속명 미후도를 먹다

높은 나무에 무성하게 드리운 덩굴

가을 줄기 서리 흠뻑 맞았네

나그네는 자주 폐가 마르니

따는 열매 반드시 연방이네

부드러움은 서시유 떠오르고

맑기는 옥녀장 알 만하네

고향 산에는 늦게 떨어지니

돌아가 숲속에서 감상해야겠네

喫林果俗名獼猴桃(끽임과속명미후도)

喬木深垂蔓(교목심수만)

秋條正飽霜(추조정포상)

游人頻渴肺(유인빈갈폐)

摘子必連房(적자필연방)

滑憶西施乳(활억서시유)

淸知玉女漿(청지옥녀장)

鄕山後搖落(향산후요락)

歸及晚林嘗(귀급만림상)

　상기 시 제목에 등장하는 獼猴桃(미후도)는 다래나무의 열매인 다래를 지칭한다. 아울러 다래나무는 獼猴木(미후목)이라 한다. 獼猴(미후)는 원숭이를 의미하는데 왜 이름이 이렇게 정해졌을까.

　그 사연이 흥미롭다. 다래나무, 즉 다래나무 덩굴이 원숭이처럼 다른 나무를 잘 타기에 혹은 원숭이가 다래를 즐겨 먹기 때문에 미후목이라 부른다고도 한다. 어느 설이 정설인지는 몰라도 두 설 모두 말이 된다 싶다.

　여하튼 상기 글에 등장하는 연방(連房)은 식물의 두 씨방이 합해 져서 하나의 꽃이나 이삭이 나는 것이나, 혹은 하나의 씨방에서 두 개의 꽃이나 이삭이 나는 것을 가리키는데 옛날에는 상서로운 조짐으로 여겼다.

　또한 서시유(西施乳)는 복어 배 속의 살지고 흰 기름덩이를 가리 킨다. 맛이 너무 좋아 월(越)나라의 미녀 서시의 가슴에 비유한 것 이고 옥녀장(玉女漿)은 신선이 마시는 음료를 의미한다.

　이제 다래란 명칭은 어떻게 생겨났는지 살펴보자. 혹자는 맛이 달다 할 때의 '달'에 명사화 접미사 '애'가 붙어 이루어진 말로 '달애'

에서 ㄹ받침이 이어 읽히면서 '다래'가 되었다고 한다. 꿀처럼 단 다래 열매를 살피면 한편 그럴싸하게 여겨진다.

그런데 과연 그럴까. 이익의 『성호사설』을 살피면 다음과 같은 대목이 등장한다. **高麗史獼猴桃謂之怛艾**로 '고려사에 미후도를 달애(怛艾)라 지칭했다'이다. 이를 살피면 다래란 이름이 어떻게 생겨났는지 능히 짐작하리라 간주하고 넘어가자.

그런 다래나무의 실체를 알려면 창덕궁 방문을 권장한다. 창덕궁 안에는 승천하는 용의 형상을 하고 있는, 천연기념물 제251호로 지정된 다래나무가 있는데 수령은 600년에 이르며 길이는 30m 내외로 뻗어갔을 정도로 웅장하다.

여하튼 다래순은 다래나무에서 나는 연한 순으로 맛이 달면서 향긋하여 어린순을 채취하여 나물로 먹는데 그 효능에 대해서는 《경남신문》에 실린 기사 인용한다.

> 다래순에는 비타민과 식이섬유가 풍부해 다이어트와 변비에 효과가 있으며 위를 튼튼하게 해줘 소화를 돕고 구토를 멈추게 하는 효능도 있다. 또 비타민 C와 타닌이 풍부해 황달, 위암, 식도암, 유방암, 간염, 관절염 등의 예방효과가 있어 치료약으로도 이용된다.[11]

---

11) 출처: 김윤식, "'봄철 자연보약 다래순 맛보세요'", 《경남신문》, 2013.4.26.

그런데 이 대목에서 한마디 덧붙여야겠다. 앞서 고사리에 대해 언급할 때 반전의 나물이라 지칭한 바 있다. 고사리가 지니고 있는 독성 때문이었는데, 다래순 역시 미미하지만 독성이 있다. 그런 이유로 반드시 끓는 물에 데쳐 먹어야 함을 주지시킨다.

아울러 조선 조 한문사대가 중 한사람인 장유(張維, 1587~1638)가 **'장주¹²⁾의 숙부께서 미후도를 보내 주신 것에 감사드리며 그 시에 차운하다(奉謝長洲叔餉獼猴桃次韻)'**라는 작품에서 다래의 진수를 더하고 있다. 한 번 감상해보자.

푸른 덩굴 가자 이룬 지 몇 년 되지 않아
놀랍게도 벌써 푸른 다래 주렁주렁 달렸네
씹을 때 차고 달콤함 병든 폐 소생하니
신선에게 반도 구할 필요 있겠는가

蒼藤成架幾多年(창등성가기다년)
翠實驚看纍纍懸(취실경간유유현)
嚼罷甘寒蘇病肺(작파감한소병폐)
蟠桃何必問群仙(반도하필문군선)

상기 글에 등장하는 架(가)는 가자(架子)의 줄인 말로 초목(草木)

---

12) 황해도 장연.

의 가지가 늘어지지 않도록 밑에서 받치기 위하여 시렁처럼 만든 물건을, 반도(蟠桃)는 3천 년에 한 번 열매를 맺는다는 선도(仙桃, 신선 나라에 존재하는 복숭아)이다.

당근

마키아벨리의『군주론』을 살피면 '당근과 채찍'이라는 말이 등장한다. 영어로 표기하면 'the carrot and stick'으로 이 대목에서 모든 사람들이 carrot을 채소의 한 종류인 당근, 즉 홍당무로 인식하고 있다. 물론 그도 맞다. 그러나 그 원의미는 '보상' 혹은 '미끼'임을 밝히며 이야기를 풀어나가자.

당근은 원산지가 중동 지역으로 13세기 말에 중국으로 이어 16세기경부터 조선에서 재배되었다고 전해진다. 마치 그를 입증하듯 허균의『성소부부고』에 처음으로 당근이 등장한다. 그를 인용해본다.

호나복(胡蘿蔔)

마땅히 삼복(三伏) 안에 땅을 갈아서 둑을 짓고 하나씩 손으로 쥐고 심어야 하는데, 땅이 비옥하면 뿌려서 심으며 물을 자주 주어야 한다.

상기 기록에서 살피듯 당근의 원명칭은 호나복(胡蘿蔔, 오랑캐의 무)이다. 그런데 혹자는 당나라에서 들어와 당근(唐根)이라는 이름이 붉었다고도 한다. 물론 맞는 말이나 당근은 호나복의 속명, 즉 세속에서 이르던 이름이다.

이와 관련 김창업의 『연행일기』에 실려 있는 글 인용한다.

> 호나복은 우리나라에서 이른바 당근이라 부르는 것인데, 빛깔이 붉어서 홍나복과 구별이 없었다.
>
> 胡蘿葍。即我國所謂唐根。而色正紅。與紅蘿葍無別

여하튼 이 대목에서 아연한 생각 일어난다. 물론 내 어린 시절 경험 때문이다. 어린 시절 깻잎을 식용했던 기억이 없었음을 술회했듯 역시 당근(그 시절에는 홍당무라 불렀음)을 식용했던 기억은 없다. 다만 토끼 먹이 정도로만 기억에 남는다.

그도 그럴 것이 지금 당근은 색깔도 선명하고 맛도 달콤하지만 그 당시 접했던 홍당무는 생김새도 볼품없고 색깔 역시 흐릿하고 맛 역시 씁쓰레해서 그저 집 뒤꼍에 심어져 있던 홍당무를 캐면 토끼 먹이로만 활용하고는 했기 때문이다.

이제 당근과 관련한 흥미로운 일화 소개하자. 제2차 세계대전 당시다. 막강한 지상군을 자랑하던 독일군이 공군력에서는 영국에 열세를 면치 못하고 있었다. 하여 독일군이 그 원인을 조사하던 중 기막힌 첩보를 접하게 된다. 영국 조종사들이 당근을 많이 먹기 때문에 시력이 좋아 그렇다 한다.

이로 인해 독일군 조종사들은 그야말로 배가 터지도록 당근을 먹기 시작했다. 그러나 전세는 역전되지 않고 영국 공군만 만나면 속수무책으로 당하고 만다. 그를 의아하게 생각하던 독일은 종전 후 그 진실을 알게 된다. 영국에서 당시 개발한 레이더의 존재를 숨기기 위해 퍼트린 소문이었다.

그런데 영국에서 흘린 정보가 터무니없었을까. 전혀 그렇지 않다. 그렇다면 독일이 쉽사리 속아 넘어가지 않았을 터다. 당근이 시력 회복에 효과가 있다는 사실은 독일 역시 알고 있었기 때문이다.

시력 회복에 탁월한 효과가 있다고 알려진 당근은 베타카로틴의 보고다. 베타카로틴은 비타민 A의 공급원으로 시력 회복은 물론 암, 동맥경화증, 관절염, 백내장 등과 같은 성인병 예방에 탁월하다고 조사되었다.

이 대목에서 불현듯 씁쓰레한 웃음이 흘러나온다. 홍당무에 감추어진 진실을 진즉에 알았다면 토끼에게 먹이로 줄 게 아니라 내가 먹었어야 했다는 생각 때문이다. 그럼에도 불구하고 위안되는 부분이 있다. 그 토끼 고기를 내가 먹었으니 말이다.

더덕

　신한국당 연수부장으로 재직하던 시절의 일이다. 강원도 인제가 고향인 동료 직원이 여름휴가를 마치고 돌아와서는 더덕으로 담근 술을 선물했다. 물론 은근슬쩍 한마디 덧붙였다. '거시기에 끝내준다'고.

　거시기에 끝내준다는 말에 혹해서 그 친구가 돌아가자마자 뚜껑을 열고는 급하게 한잔 들이켰다. 그런데 이게 웬걸, 독하기도 하지만 그 냄새가 마치 카바이트 향을 방불케 할 정도로 불쾌하기 그지없었다.

　이 대목에서 잠시 카바이트 향에 대해 언급해야겠다. 오래전에 포장마차를 방문하면 종종 접하고는 했는데 상당히 불쾌하고 사람이 죽기 일보 직전 몸에서 풍겨나오는 그 냄새와 아주 흡사했다. 그런 연유로 거시기를 떠나 그 술을 하수구에 버렸다.

　그 일이 있고 며칠 흐르자 그 친구 남의 속사정은 모르고 슬그머니 다가와 더덕 술 복용 효과에 대해 물어온다. 차마 하수구에 버렸다고는 말할 수 없어 그냥 눈을 찡긋거리고 말았다.

　그리고 후일 지방 출신 친구를 만나 술을 마시면서 예의 그 이야기를 꺼냈다. 그러자 그 친구 한마디 한다. "이 친구야, 그게 바로 더덕향이야. 그리고 그 정도 냄새 날 정도면 거의 산삼 수준으로 간주해도 무방한 거야." 더덕 향기를 알지 못했던 나로서는 그저 아쉬움에 쌉쓸하게 입맛만 다셔야 했다.

그 더덕이 『향약집성방』에는 가덕(加德)이라 표기되어 있다. 이에 대해 일부 사람들은 '더할 가'이니 '더'라 읽어야 하고 덕은 '덕'이라 읽어야 하니 더덕이 이두식 표기라 할 수 있다고 주장한다.

정말 그럴까. 그를 위해 정약용의 『여유당 전서』에 실려 있는 글 중 일부 인용한다.

> 산채는 사삼인데 방언은 다덕(多德)으로 불리운다. 多의 음은 '더'로 덩굴과 생뿌리는 식용할 수 있다.
> 山茱以爲沙參 山茱方言曰多德,【多音더】蔓生根可茹

정약용의 변을 빌면 더덕의 한자명은 沙參(사삼)이다. 그 사삼의 우리 명칭이 바로 더덕이라는 의미다. 이로써 더덕이란 명칭에 대한 궁금증이 한 번에 해결된다.

이제 중국 송나라 시대의 문신인 서긍의 『고려도경』에 실려 있는 기록 살펴본다.

> 고려의 더덕은 관(館) 안에서 날마다 올리는 나물 가운데 있는데, 형체가 크고 살이 부드럽고 맛이 있다. 약용(藥用)으로 쓰는 것은 아니다.

이 글이 무엇을 의미할까. 더덕이 중국에서는 약으로 쓰이는데 고려에는 너무 흔하여 평소 식품으로 쓰이고 있음을 지적한 것으로 풀이할 수 있다. 그러나 고려 이후 조선조에서는 더덕이 식용뿐 아니라 약용된 흔적들이 나타나고 있음을 밝힌다.

특히 『동의보감』을 살피면 더덕에 대해 산정(疝疔)과 분돈(奔豚)에 그만이라 했다. 산정은 아랫배가 아파서 대소변을 못 보는 것을 이르고 분돈은 아랫배에서 생긴 통증이 명치까지 치밀어 오르는 것이 마치 새끼돼지가 뛰어다니는 듯한 증상을 의미한다. 이는 더덕이 복통에 탁월한 효능을 지니고 있음을 의미한다 할 수 있다.

도라지

필자가 어린 시절 자주 접했던 **「도라지 타령」** 소개해보자.

> 도라지 도라지 백도라지
> 심심산천에 백도라지.
> 한두 뿌리만 캐어도
> 대광우리에 철철 넘누나
> (후렴)
> 에헤요 에헤요 에헤야
> 어여라 난다 지화자자 좋다
> 네가 내 간장 스리살짝 다 녹인다

상기 「도라지 타령」은 내가 태어나고 자란 서울(경기) 지방에 유행했는데, 「도라지 타령」은 여러 지역에서 각기 다른 형태로 불리어지고 있다. 이는 도라지가 우리 민족에게 친근한 식물이었음을 입증하는데 상기 노래에서 결론, 즉 후렴의 마지막 가사가 일품이다.

> 네가 내 간장 스리살짝 다 녹인다

'간장을 녹이다'라는 말은 사람의 마음을 애타게 한다는 의미인데 도라지가 바로 그러하다는 말이다. 즉, 하얗고 곧게 뻗은 도라지 뿌리는 사람의 하반신을 연상시킨 데서 이런 표현을 사용하지 않았는가 생각한다. 남자에게는 여자의 하반신으로 그리고 여자에게는 남자의 하반신으로 말이다.

여하튼 도라지는 한문으로 桔梗(길경)이라 기록하는데 그 사연을 풀어보자. 아니 桔梗에서 나무 목(木)을 제외한 吉更만을 놓고 보자. 吉은 '상서롭다'는 뜻을, 更은 '고치다'의 의미를 지니고 있다. 즉, 도라지는 상서롭고 무엇인가를 개선하는 식물이라는 이야기다.

정말 그런지 과거 기록에서 그 근거를 찾아보자.

오래전 설날에 마시던 술 중에 도소주(屠蘇酒)라고 있다. 이는 약주의 한 종류로 설날에 괴질(怪疾)과 사기(邪氣)를 물리치고 장수하기 위해 마시던 술인데 이 술을 도라지로 빚었다. 그러니 상서롭다는 의미는 성립된다.

그렇다면 '고치다'라는 의미도 성립될까. 이에 대한 답은 확고하게 '물론'이다. 과거 여러 문헌에서 약으로 사용된 흔적이 나타난다. 심지어 홍만선의 『산림경제』에 따르면 **대변이 막힌 데에는 도라지를 기름에 담갔다가 항문에 꽂으면 즉시 변을 볼 수 있다**는 기록까지 남아 있을 정도니 고치는 데에 관한 한 언급이 필요치 않을 정도다.

이와 관련하여 송강 정철의 손자인 정호(鄭澔, 1648~1736)의 작품 감상해본다.

사또가 백도라지 세 뿌리 보내주면서 말하기를, 먹으면 하얀
머리가 검게 변한다고 하기에, 재미 삼아 읊다.

사또가 내게 도라지 세 뿌리 보내주었는데
정신은 물론 늙음 없애는 처방 지니고 있다네
머리 위 하얀 실 오히려 검게 변하게 하고
고치기 어려운 택반의 초췌함 고칠 수 있다네

州倅遺以白花桔梗數三莖云。啗之。能令白髮還黑云。戲吟。

使君遺我草三莖(사군견아초삼경)
却老神方不翅靈(각로신방불시령)
頭上素絲猶堪黑(두상소사유감흑)
難醫澤畔槁枯形(난의택반고고형)[13]

   정호에게 도라지를 보내준 인물은 드러나지 않고 있다. 그런데
그의 말을 빌면 도라지의 효능은 흰머리를 검게 하는 등 시 내용처
럼 실로 무궁무진하다. 물론 정호의 농이 다분히 섞여 있지만 고
치는 데에는 고래로부터 명성을 구가했던 모양이다.

---

13) **澤畔槁枯**(택반고고): 굴원이 조정의 권세가들에게 미움을 받아 좌천당하여 못가를 거닐면서
    시를 읊조렸는데, 안색이 초췌하고 형용이 고고하였다고 한다.

이제 도라지 효능에 대해 간략하게 살펴보자. 도라지는 모습도 인삼과 흡사하지만 인삼의 주성분인 사포닌 역시 지니고 있다. 사포닌은 혈관을 확장하여 혈압을 낮추고, 체내 혈당을 낮춰주고 콜레스테롤까지 저하시키며 환절기에 자주 걸리는 호흡기 질환의 증상인 가래를 삭이기도 하는데 도라지의 쓴 맛을 내는 사포닌 때문이다.

또한 비타민과 무기질 등이 함유되어 있어 면역력을 강화시키는 데에도 좋고 폐를 맑게 해 답답한 가슴을 시원하게 해주어 스트레스 완화에 탁월한 효능을 지니고 있다 한다.

이 도라지와 관련하여 흥미로운 기록이 있어 소개해본다. 조선 제9대 임금인 성종 시절 연산군이 세자로 책봉되자 공조참의였던 이계기가 그를 축하하며 바친 글 중에 나오는 대목이다.

도라지는 주림을 채우는 아름다움이 있네
桔梗充飢美(길경충기미)

연산군에게 백성들이 굶주림에 처하지 않도록 농업에, 특히 도라지 농사에 주력해달라는 의미로 한 말이다. 그런데 보위에 오른 연산군은 상서롭고 개선의 의미를 지닌 도라지의 본성을 역으로, 즉 파괴의 의미로 받아들인 듯하다.

마늘

음식점에서 고기 먹을 때 유독 마늘에 자주 손이 가는 내게 지인들이 그 이유를 묻는다. 그러면 잠시 능청 떨다 한마디 한다. "마늘 많이 먹고 사람 좀 되려고 그런다"라고. 그러면 상대는 말이 된다 싶은지, 나의 자유분방했던 과거를 회상하는지 그저 웃어넘긴다.

내 젊은 시절 삶에 대해 시시콜콜 언급하는 대신 『삼국유사』에 실린 단군신화 내용 인용해보자.

> 곰 한 마리와 호랑이 한 마리가 환웅에게 사람이 되게 해 달라고 빌자 환웅은 신령한 쑥(靈艾, 영애)과 마늘(蒜, 산) 20개를 주면서 "너희가 이것을 먹고 햇빛을 100일간 보지 않으면 사람의 형상을 얻을 수 있다"라고 하였다.
>
> 이에 따라 곰은 금기를 지킨 지 21일 만에 여인이 되었으나 호랑이는 금기를 지키지 못하여 사람의 몸을 얻는 데 실패하였다. 여인으로 변한 웅녀는 매일 태백산 신단수 아래에서 잉태하기를 빌지만, 결혼할 사람이 없어 환웅이 사람으로 변화하여 웅녀와 혼인하고 아들을 낳으니 이 사람이 단군왕검이다.

그런데 일부 사람들이 이 신화에 등장하는 蒜(산)이 마늘이 아닌 다른 물체라 주장한다. 물론 원산지 문제 때문에 그러하다. 마늘의 원산지는 중앙아시아 정도로 추정되는데 그 시기에, 기원전 2333년에 이 땅에 마늘이 전래되지 않았을 것이라는 게 그 요체다.

참으로 아쉬운 대목이 아닐 수 없다. 蒜이 진정 무엇을 의미하는지는 제쳐두고 단군왕검이 탄생했다는 태백산에 대해 언급해보자.

다수의 사람들이 태백산을 강원도에 있는 태백산 혹은 백두산으로 강변하고 있다. 참으로 황당하지 않을 수 없다. 기원전 2333년이라면 이 땅, 즉 한반도에는 소수의 토착민들이 씨족 혹은 부족의 형태로 삶을 이어가고 있었다.

그렇다면 『삼국유사』에 등장하는 태백산이 어느 곳을 지칭할까. 역사는 순리에 입각해야 한다는 진리에 따라 접근해보자. 그를 입증하기 위해 먼저 백제란 국가의 탄생 과정을 살펴본다. 백제의 시조 온조왕은 고구려 동명왕의 둘째 아들로 형인 비류에게 밀려 남하해 한강 유역에 백제를 세운다.

이제 고구려 시조인 동명왕에 대해 살펴본다. 동명왕은 고구려보다 한참 위쪽에 위치해 있던 부여의 왕인 금와의 아들이다. 그는 금와의 장남인 대소(帶素)와 다른 형제들이 자신을 죽이려 하자 남하하여 고구려를 세운다.

백제와 고구려의 건국을 살피면 한반도에 국가가 형성되는 과정을 살필 수 있다. 권력을 잡는 과정에서 밀려난 사람 혹은 국가를 세우고자 하는 의지가 강했던 사람이 북이 아닌 남으로 이동하여 국가를 세웠다.

다시 언급하자면, 이 민족의 주세력의 시원은 황하 유역의 중원이었는데 상기 경우처럼 혹은 이민족의 침입으로 인해 지속적으로 한반도까지 이동하게 되고, 그 과정에 소수의 토착민들을 정복하고 국가를 세운 게다.

이제 기원전 2333년으로 거슬러 올라가보자. 그 무렵 이 민족 최초의 국가였던 고조선의 위치는 어디였을까. 역사의 순리에 입각하면 분명 한반도는 아니었다. 그렇다고 현재로서 어느 위치라고 확언할 수 없지만 이동하는 과정을 살피면 한반도보다는 오히려 중원에 더 가까울 수 있다.

그렇다면 태백산이 이 땅에 있었다는 주장은 그저 허구에 불과할 뿐이다. 결론적으로 이야기해서 원산지 문제로 인해 『삼국유사』에 등장하는 蒜(산)이 마늘이 아니라는 주장은 무모하기 짝이 없다.

여하튼 곰도 사람으로 만들 수 있는 영험을 지닌 마늘에 대해 접근해보자. 마늘이 살균·항암 효과, 항균 작용, 빈혈 완화, 저혈압 개선 등에 이롭다고 하지만 뭐니 뭐니 해도 남자들의 정력 강화에 탁월한 효과를 보인다.

중국의 약학서인 『본초강목』에도 마늘이 강정 효과가 있다고 기록되어 있다. 또한 고대 이집트인들은 피라미드를 건설하는 노예들의 체력을 보강하기 위해 마늘을 먹였고, 세계적으로 명성이 자자한 이탈리아의 호색한 카사노바도 마늘을 정력식품으로 애용했을 정도다.

이와 관련 우리에게도 흥미로운 기록이 있어 소개한다. 조선이 개국하고 고려의 국교인 불교를 부정하는 과정에 등장하는 대목이다. 김종서 등이 편찬한 『고려사절요』에는 고려 제11대 왕인 문종 재위 시인 1056년에 승려들의 폐해를 다룬 기록이 보인다.

범패(梵唄, 석가여래의 공덕을 찬미하는 노래)를 부르는 마당은 갈라서 마늘밭이 되었으며

중들이 그들에게 금기 식품인, 정력 강화에 탁월한 마늘을 먹고 음탕한 짓을 한다는 이야기다. 이제 이응희 작품 감상해보자.

마늘

생강과 계피도 귀하지 않은 건 아니지만
이 맛보다 더 뛰어난 건 없다네
여러 옥 금 기둥 떠받치고
많은 구슬 소박한 방에서 터졌다네
갈아 넣으면 오이 부침 맛나고
즙 더하면 물에 향기 퍼진다네
훈채 기운 비록 탁하다지만
더위 물리칠 처방에 들어 있네

蒜(산)

薑桂非無貴(강계비무귀)

無踰此味長(무유차미장)

衆玉扶金柱(중옥부금주)

群珠拆素房(군주탁소방)

硏肌瓜炙美(연기과자미)

添汁水漫香(첨즙수만향)

葷氣雖云濁(훈기수운탁)

參書却暑方(참서각서방)

    이응희에 의하면 마늘을 섭취함으로써 무더위를 물리칠 수 있다고 한다. 각별히 새겨두어야 할 일이다.

마늘종

    마늘종은 마늘 싹이라고도 하며 꽃대가 완전히 자란 마늘 꽃의 줄기를 지칭한다. 그런데 왜 마늘 꽃 줄기를 하필이면 마늘종이라 부르는지 의아함이 발생한다. 하여 그 사연을 먼저 풀어본다.

    마늘종은 한자로 蒜薹(산대)라 한다. 蒜(산)은 마늘을, 薹(대)는 여러 의미를 지니고 있지만 식물과 관련해서 종대라는 의미를 지니고 있다. 종대는 파, 마늘, 달래 따위에서 꽃을 달기 위해 한가운데서 올라오는 줄기를 지칭한다.

    즉, 마늘에서 올라오는 줄기는 '마늘 종대'라 지칭해야 옳다. 그런데 그 마늘 종대에서 대를 생략하여 마늘종으로 줄여버렸다. 추측하건대 간략한 것을 좋아하는 우리 민족의 습성에서 그리된 게 아닌가하는 생각 지울 수 없다.

    이와 관련하여 필자는 또 다른 생각을 하고는 한다. 종이 종대가 아닌 하인의 의미를 지니고 있는 그 종이 아닌가 하는 생각이다. 마늘종은 마늘에 예속되어 마늘의 종과 같은 존재이기에 누군가가 해학적으로 마늘종으로 명명한 것이 지금에 이르고 있지 않나 하는 생각이다.

    여하튼 마늘종이란 음식을 처음 접한 시점은 초등학교 고학년 시절이었다. 당시 거의 모든 어린이들의 점심 반찬은 김치 혹은 콩자반이 전부였다. 내 살던 동네에서 짓는 농사는 그게 전부였던 게다.

그러던 차에 전학 온 한 친구가 생전 보지도 못했던 반찬을 지니고 왔다. 바로 마늘종이었다. 마늘종을 기름에 볶아왔는데 아삭아삭한 식감은 물론이고 쌉싸름한 맛이 참으로 별미였다. 그를 맛본 이후 그 친구에게 매일 마늘종을 싸오도록 간청하고는 했다.

그 친구 고맙게도 어떤 때는 볶아오고 또 어떤 때는 무쳐오기도 하여 우리들의 입맛을 즐겁게 해주고는 했는데 이제 그 마늘종의 효능에 대해 살펴보자. 《농민신문》에 보도된 내용을 간추려본다.

첫째, 막힌 혈관을 뚫어준다.
마늘종은 마늘의 성분인 '알린'을 많이 지니고 있는바, 이 성분은 몸속에서 단백질과 결합해 '알리신'으로 변한다. 알리신은 혈관 속에서 피를 엉기지 않게 하고 혈중 콜레스테롤을 감소시키는 역할을 한다. 그래서 마늘종을 자주 섭취하면 좁아진 혈관이 주원인인 고혈압·하지정맥류 등의 질환을 예방할 수 있다.
둘째, 자양강장제의 효능을 지니고 있다.
마늘종에 함유된 알린이 비타민 B와 결합해 만들어진 '알리티아민'이라는 성분은 신진대사를 활발하게 한다.
셋째, 비만 등 성인병 예방에 탁월하다.
마늘종은 열량이 마늘의 2배에 달하는 식이섬유를 함유하고 있어 음식이 소화되는 시간을 줄여 변비를 막고 대장의 부담을 덜어준다. 한방에서는 마늘종이 따뜻한 성질을 가지고 있어 위장의 기능을 돕는다고 한다.[14]

그렇다면 마늘종은 언제부터 식용되었을까. 홍만선의『산림경제』에 실려 있는 글이다.

마늘종 말리는 법(晒蒜薹)
5월에 살지고 연한 것을 가려, 끓는 소금물에 데쳐서 볕에 말렸다가 쓸 때쯤 해서 끓는 물에 넣어 부드럽게 되거든 양념해 먹는다. 살진 고기를 넣어서 요리하면 더욱 좋다.

홍만선은 원나라 시절 저술된 것으로 여겨지는『거가필용』에서 이를 인용했는데, 이를 살피어 오래전부터 마늘종을 식용하지 않았나 추측해본다.

---

14)   출처: 김재욱, '마늘종의 4가지 효능',《농민신문》, 2016.5.23.

매실

본격적인 이야기에 앞서 소소한 오류 바로 잡고 넘어가자. 매실나무와 매화나무에 대해서다. 일부 사람들이 매실과 매화나무를 별개로 오해하고 있다. 매실은 매실나무의 열매로 말이다. 그러나 매실은 매화나무의 열매를 지칭한다는 사실 밝힌다.

이제 본론으로 돌아가서 먼저 1928년 7월 3일《동아일보》기사 인용해본다.

> 생선의 **뼈**를 연하게 하려면 일본 사람들이 먹는 매실장아찌(梅干)를 넣어도 좋습니다.

이를 인용한 데에는 그럴 만한 이유가 있다. 이 땅에서 언제부터 매실을 장아찌로 만들어 먹었는가를 살펴보기 위해서다. 이 기사를 살피면 일제강점기 당시 매실장아찌, 아니 일본인들이 섭취하는 매간(梅干, 우매보시)이 이 나라에 등장한 것으로 보인다.

그러나 매간이 일본인들에게는 상당히 친밀하고 중요한 반찬이라는 이유로, 배일감정을 가진 한국인들로부터 관심을 끌지 못했다. 그러다 1990년대 초반 UR(Uruguay Round, 우루과이 라운드)의 파고를 헤쳐 나가기 위해 정부 주도로 농산물 가공 산업을 벌이는 과정에 매실 등 상품성이 높은 작물들을 재배하며 홍보하기 시작했다.

이에 따라 민간에서 적극적으로 호응하는 과정에 매실의 효능이 낱낱이 밝혀지면서 매실장아찌가 등장하게 된다. 이를 감안하면 매실을 본격적으로 식용한 시기는 그리 오래되어 보이지 않는다.

그렇다면 우리 조상들은 매실을 그저 관상용으로만 대했을까. 결코 그렇지 않다. 매실은 유사 이래 소금과 함께 주요한 조미료의 역할을 해왔다. 그런 이유로 염매(鹽梅, 소금과 매실)라는 단어까지 등장한다.

이를 염두에 두고 『조선왕조실록』 성종 25년(1494) 9월 기록 살펴보자. 당시 우의정이었던 이극배가 병으로 사임을 청하자 성종이 다음과 같이 언급한다.

> 나이가 더욱 많으며 덕이 더욱 높아 백성이 모두 바라보니, 술은 누룩으로 빚고 국은 매실로 만든다. 내가 네 도움을 어기겠는가? 마땅히 서로 기다리는 도리를 다하여 무강한 아름다움을 비승(丕承, 이어 받들다)하며 굳이 사직만을 고집하지 말고 그 직위를 힘써 편안히 하라.

국은 매실로 만든다는 말, 즉 성종이 국을 만드는데 이극배에게 매실이 되어 달라는 이야기다. 이는 『서경』의 '잘 조화된 국물을 만들려 하거든 그대가 소금과 매실이 되어주오라는 말에서 인용했는데 신하가 군주를 도와 선정(善政)토록 함을 비유하는 말이다.

이제 조선 중기 학자인 고상안(高尙顔, 1553~1623)의 작품 **「매실을 읊다(詠梅實, 영매실)」** 감상해보자.

뜨락 매화에 멋진 열매 있는데
어여쁘면서 한편 가련도 하네
안개비 속에 절로 노란데
어느 해에 다시 조리하려나

庭梅有佳實(정매유가실)
可愛亦堪憐(가애역감련)
自黃烟雨裏(자황연우리)
調鼎更何年(조정갱하년)

상기 시 마지막 부분에 調鼎(조정)이 등장한다. 이는 음식물을 요리한다는 의미인데 매실로 음식을 만들겠다는 건지 혹은 조미료로 활용하겠다는 의미인지 확실하지 않다. 여하튼 이를 살피면 과거에는 매실이 조미료로서는 소금 이상으로 활용되지 않았나 하는 의구심 일어난다.

알칼리의 대표적 식품으로 평가받고 있는 매실은 여러 방면에서 인간에게 유용한 것으로 나타나고 있다. 이를 알아보기 위해 《한국경제》에 실린 기사 인용한다.

매실은 예로부터 3독이라 하여 음식물, 피, 물의 독을 없애는 약으로도 여겨져 왔다. 여름철 매실을 특히 더 주목하는 이유는 매실의 구연산과 같은 유기산이 기력 회복에 도움을 주기 때문이다.

매실은 익으면서 상대적으로 구연산 함량이 높아지는데, 구연산이 어깨 결림과 두통, 요통 등의 다양한 증상을 유발하는 피로 물질인 젖산을 분해시켜 몸 밖으로 배출시키는 작용을 도와준다.

누구나 한 번쯤은 소화가 되지 않거나, 배탈이 났을 때 냉장고 속 매실액이나 매실청을 섭취한 경험이 있을 것이다. 음식 섭취를 통해 위로 들어온 유해균은 대부분 위 염산에 의해 죽게 되지만, 위 활동이 원활하지 않을 때는 장까지 내려가게 된다. 이때 소장에서는 살균 효과가 거의 없기 때문에 우리가 흔히 말하는 배탈, 설사, 식중독이 여기서 발생하게 된다. 매실을 섭취하게 되면 일시적으로 장이 산성화되기 때문에 유해균이 억제되고, 매실의 신맛이 소화기관을 자극하여 위장, 십이지장 등의 소화액을 촉진하며 더불어 변비 예방에도 도움을 줄 수 있다.

대표적인 이러한 효능 외에도 매실은 숙취 해소에 도움을 준다. 매실 속 피루브산 성분은 간의 기능을 상승시켜주어, 피곤하거나 술을 즐기는 사람들이 매실을 마시면 가뿐한 하루를 보낼 수 있다.[15]

---

15) 출처: 한경닷컴 뉴스팀, '여름 보약 제철 매실, 지금 챙기세요', 《한국경제》, 2017.6.12.

명이

1934년 2월 18일《동아일보》기사에 '폭설 내린 울릉도 상황'에 대해 **'그렇지 않아도 춘궁기이면 산마늘밖에 의지할 곳이 없는 이들을 구할 자 그 누구인가'**라는 내용 실려 있다.

이 기사에 등장하는 산마늘이 바로 명이의 다른 명칭이다. 명이란 명칭이 탄생되기 이전에는 '마늘 냄새가 강하게 풍기는 나물'이라 하여 산마늘(山蒜, 산산) 혹은 산에서 자생하는 파라는 의미로 산총(山葱)으로 불리었었다.

여하튼 명이를 식용했던 기록은 상기《동아일보》기사에 처음으로 실릴 정도로 오래되지 않아 보인다. 그런데 일설에 의하면 고려 말 우왕 시절부터 실시된 공도정책(空島政策, 섬 거주민들을 본토로 이주시키는 정책)으로 사람이 살지 않던 울릉도에 조선 고종 19년에 실시된 개척령으로 사람들이 건너가 살면서 명이가 식용되었다고 한다.

내용인즉, 울릉도로 이주한 사람들이 겨울을 보내고 나자 앞서《동아일보》기사와 같은 상황에 처하게 되고, 식량을 찾아 울릉도를 샅샅이 뒤지던 중 눈 속에서 싹을 틔운 산마늘을 발견하여 캐 먹고 목숨을 연명했단다.

그런 이유로 산마늘이 사람의 생명을 이어준다는 의미에서 '명이'

란 이름이 탄생되었다고 한다. 역시 그러한 이유로 명이는 울릉도의 특산물로 알려져 있으며 산에 자생하는 명이는 희귀 나물로 보호받고 있고 지금 식용되는 명이는 사람들이 심어 가꾼 것이라 한다.

그런데 이를 의아하게 여기며 조사하던 중 새로운 사실 발견하게 된다. 1990년 8월 4일 《경향신문》에 실린 기사다.

'오대산·계방산에 산마늘 자생'이라는 제목과 **'방부멸균력 특출, 고려 땐 국약으로 사용'**이란 소제목으로 **'강원도 오대산과 계방산에 희귀식물인 산나물(맹이풀)이 폭넓게 자생하고 있다'**며 **'생약명이 명총(茗葱), 산총(山葱), 산산(山蒜) 등인 산마늘은 고려시대에는 쑥과 함께 국약으로 쓰인 것으로 전해지고 있는데 유황화합물질 등을 함유 천연 물질 중에서 방부력과 멸균력이 특출하다'**고 기록되어 있다.

이를 살피면 명이가 고려 시절 약용되었다고 하는데 아쉽게도 이를 입증할 만한 단서는 보이지 않는다. 고려 말부터 실시된 공도정책으로 인해 사람이 거주하지 않았던 게 그 요인으로 보인다.

여하튼 명이가 왜 고립무원에 처한 인간의 명을 이어주는지 그 실상에 대해 간략하게 살펴본다. 《충북일보》에 실린 기사 인용한다.

산마늘은 '명이나물'이라고도 불리며 항암, 해독, 동맥경화, 이뇨·당뇨, 피로회복, 스트레스, 노화방지, 면역력 증대 등에 탁월한 효능을 가지고 있다. 마늘과 향이 비슷하고 비타민 B군인 티아민과 비타민 C의 함량이 풍부해 나른함을 해소시키고 피로회복과 수험생들의 신경안정에 도움을 주며, 고기와도 잘 어울리기 때문에 쌈으로 이용되고 장아찌를 담그면 오랫동안 먹을 수 있어 대중적인 선호도도 높다.[16]

명이에 대해 간략하게 열거해보았으나 무엇보다도 압권은, 상기 기사에서도 언급되었지만 명이장아찌에 고기를 싸먹는 일이다. 그 맛, 먹어보지 않은 사람은 모른다고 할 정도로 별미임을 밝히며 이만 줄인다.

---

16) 출처: 김주철, '충주시 '산마늘' 지역대표 산채로 육성', 《충북신문》, 2018.4.13.

무

먼저 한시 한 수 감상해보자. 고려 말기 정당문학(政堂文學, 중서문하성의 종2품)을 역임했던 백문보(白文寶, 1303~1374)의 「현릉이 김사예 도에게 '나복산인 김도 장원'이라는 여덟 자를 크게 써서 내리다(陵賜司藝金 濤 大書蘿蔔山人金濤長源八字)」중 도입부다.

김 군은 일찍이 배움에 뜻을 두어

나복산에서 독서하였네

나복은 맛은 싱겁지만

뿌리는 참으로 먹을 만하여라

金君早志學(김군조지학)

讀書蘿蔔山(독서나복산)

蘿蔔尙淡薄(나복상담박)

荣根誠可餐(채근성가찬)

제목에 등장하는 현릉은 공민왕을, 나복은 무를 지칭한다. 아울러 동 작품은 김도(金濤, ?~1379)가 1371년(공민왕20) 명나라의 제과(制科)에 응시해 우수한 성적으로 합격하였으나 부모님이 연로하다는 이유로 귀국하자, 1372년 공민왕이 손수 '나복산인 김도 장원'이라는 여덟 자를 크게 써서 내린 대목을 글로 풀어낸 작품으로 뛰어난 신하를 아낄 줄 아는 임금의 덕을 기리고 있다.

그런데 왜 공민왕은 김도에게 나복산인이라는 글자를 써서 내렸을까. 바로 김도의 식성에서 기인한다. 김도는 '기욕을 잘 참아 내고 음식도 박하게 먹었는데, 나복을 먹을 때는 남기지 않고 다 먹었다'. 그래서 김도를 나복이라 했다 한다. 이는 김도의 스승인 이색의 부연 설명이다.

우리 역사에서 김도만큼이나 무를 좋아했던 인물이 있다. 조선조 22대 임금이었던 정조다. 『국조보감』에 실려 있는 그의 이야기 들어보자.

> 어릴 때는 밥을 매우 적게 먹었고 조석 때마다 무(蘿蔔)만을 먹었다.

김도야 그렇다고 해도 일찌감치 왕세손에 책봉되었던 그가 왜 그리도 무를 좋아했을까. 그 이유가 『의림찰요』에 나온다.

> 편두통에는 생나복즙(生蘿蔔汁)에 현각(蜆殼, 가막조개 껍질) 1개의 가루를 준비하여, 환자를 위로 보고 눕게 한 후 콧속에 넣어주는데, 왼쪽이 아프면 오른쪽에 주입하고, 오른쪽이 아프면 왼쪽에 주입한다. 간혹 양쪽 코에 모두 넣어주어도 좋다.

아버지 사도세자의 비참한 죽음을 목격한 그의 마음 편할 턱 없고 항상 노심초사의 상태를 유지했다. 그런 그에게는 무가 지니고 있는 특성, 즉 편두통을 치료하는 금중(禁中, 궁중)의 비방(秘方)이 필요했기 때문이다.

이제 정조와 김도가 그리도 애용했던 무의 효능에 대해 살펴보자. 현대 의학에서 주장하는 바를 인용해본다.

> 무에 들어 있는 글루코나스투틴은 항암기능뿐만 아니라, 항균과 살충작용을 갖는 유용한 기능성 물질로 알려져 있다. 또한 무에는 식이섬유가 많고 칼로리가 낮아 변비 개선에 좋고 대장암 예방에도 효과적이다.
> 또한 무에는 유방암 억제에 효과가 있는 글루코시놀레이트 외에도 광범위한 암 억제 효과를 지닌 글루코브라시신 등이 풍부하다. 이와 함께 무에는 여러 가지 소화 효소도 들어 있는데 특히 디아스타아제가 많다.

자칫 소홀히 대접받고는 했던 무의 효능이 실로 크다 하지 않을 수 없다. 아울러 이 대목에서 흥미로운 사실 하나 밝히고 가자. 정약용의 작품 중 한 구절이다.

무를 쪄서 만든 사일의 떡이 향기롭네
蘿葍蒸成社餠香(나복증성사병향)

社日(사일)은 입춘이나 입추가 지난 뒤 각각 다섯째 무일(戊日)을 지칭한다. 입춘이 지난 뒤를 춘사(春社), 입추 뒤를 추사(秋社)라 하는데 춘사에는 곡식이 잘 자라기를 빌고 추사에는 곡식의 수확에 감사한다. 그 사일에 무를 쪄서 떡을 만들어 먹는다 했다. 많은 사람들에게는 생소한 무떡을 소개하기 위해 간략하게 실어보았다. 이제 이규보의 작품 감상해보자.

순무

장아찌로 먹으면 한여름에 더욱 좋고
소금에 절이면 긴 겨울 감당할 수 있네
땅 속 서린 뿌리 비대해지면
예리한 칼로 배처럼 자르기 가장 좋네

菁(정)

得醬尤宜三夏食(득장우의삼하식)
漬鹽堪備九冬支(지염감비구동지)
根蟠地底差肥大(근반지저차비대)
最好霜刀截似梨(최호상도절사리)

무와 관련하여 2018년 4월 16일 《일요시사》의 '황천우의 시사펀
치'에 게재됐던 필자의 글 소개한다.

미세먼지에 대한 단기 대책을 밝힌다!

최근 미세먼지가 심각할 정도로 기승을 부리고 있다. 미세먼지
는 대기 중에 머물다 호흡기를 거쳐 폐에 침투하여 만성 폐질
환뿐만 아니라 뇌졸중 같은 심폐혈관질환을 유발하는 주요 원
인으로 알려져 있다.

물론 미세먼지를 발생시키는 여러 요인들과 그에 대한 대처 방법
을 알고 있다. 하지만 이기주의에 함몰되어 있는 인간들의 정신 구
조에서 단기적으로 실현되기는 힘들어 보인다.

하여 내 글을 읽어주는 고마운 독자들을 위해, 주로 역사소설을
집필하는 필자로서 조그마한 대책이라도 내놓아야 하지 않겠나
하는 생각에 과거 문헌들을 살펴보기 시작했다. 그리고 아닐 수도
있다는 우려에도 불구하고, 절대로 해가 되지 않는다는 차원에서
이 글을 쓰게 됨을 밝히면서 이야기를 풀어나가자.

먼저 우리 세대에게 상당히 친숙했던 연탄가스 중독에 대해 이
야기해보자. 연탄가스에 중독된 경우 의료시설이 변변치 않았던
당시에는 십중팔구 동치미 국물에 의존했었다.

필자 또한 상기의 경험을 지니고 있다. 연탄이 보급되기 시작한

초창기의 일이다. 한겨울에 점심을 먹고 연탄난로가 설치되어 있던 방에서 잠시 눈을 붙였던 일이 화근이 되어 동 상황에 처하게 되었다.

그리고 정신을 차린 순간 어머니께서 나의 제지에도 불구하고 강제로 내 입으로 동치미 국물을 집어넣고 있던 장면을 발견하게 되고, 잠시 후 연탄가스 중독의 위험성에 대해 뼈저리게 느끼게 된다.

그런데 그 일이 우연이었을까. 결코 그렇지 않다. 과거 우리 선조들은 그와 유사한 상황에 처하게 되면 동치미와 나박김치, 엄밀하게 이야기해서 무에서 그 해결책을 찾았다.

조선 제11대 임금인 중종이 보위에 앉아 있을 당시에 일이다. 당시 평안도 일대에 전염병이 발병하여 무수한 사람이 사망하자 중종은 순무로 담근 나박김치 국물을 어른 아이 할 것 없이 모두 한 사발씩 마시라고 지시한다.

아쉽게도 나박김치 국물을 마신 결과는 나타나지 않고 있으나 당시 중종이 왜 그런 조처를 내렸는지 이해할 수 있는 근거가 나타난다. 조선조 명의인 허준의 『동의보감』에 실려 있는 글이다.

> 어느 사람이 동굴 속에서 피란을 하는데 도적이 동굴에 불을 때어 연기에 질식되었다. 그리하여 답답해서 죽으려 하는 것을 나복(蘿葍)을 씹어서 그 즙을 먹여주니 소생하였다.

이어 연기의 독을 치료하는 방식으로 다음을 권장하고 있다.

탄(炭)의 연기를 사람이 쐬면 머리가 아프며 구토가 나는데, 이따금 죽기도 한다. 생나복(生蘿葍)을 짓찧어 즙을 내어 먹이면 즉시 풀린다.

나복은 물론 무를 언급한다. 이를 염두에 두고 현대 한의학에서 주장하는 무의 효능에 대해 살펴본다.

무는 서늘하면서 매운 성질이 있기 때문에 폐가 가지고 있는 기능을 최대한 끌어올리는 효능이 있으며 무즙을 많이 먹게 되면 폐의 기능이 원활해지면서 면역기능이 향상된다.[17]

바로 이러한 이유 때문에, 아닐 수도 있다는 가능성에도 불구하고 미세먼지에 대한 단기적 대처방식으로 감히 무를 재료로 만든 식품인 동치미와 나박김치를 권장하는 바다. 참고로 나박김치는 애초에 蘿葍菹(나복저)로, 무만으로 만든 김치였음을 밝히며 필자의 추측이 맞기를 기대해본다.

---

17)   출처: 'MBN [천기누설] '나박김치'를 먹으면 위가 건강해진다?', MBN 뉴스, 2015.7.20.

미나리

조선 중기 문신인 정온(鄭蘊, 1569~1641) 작품 감상해보자.

미나리 심다

창 앞 조그마한 땅 얕게 파고

웅덩이 물 가두어 파란 미나리 심었네

구구한 정성 아침저녁으로 바칠 수 없지만

줄기 자랄 때 기다려 우리 임금께 바치리

種芹(종근)

淺鑿窓前方寸地(천착창전방촌지)

貯停洿水種靑芹(저정오수종청근)

區區不爲供朝夕(구구불위공조석)

待得莖長獻我君(대득경장헌아군)

필자가 어린 시절 노원에는 드문드문 미나리꽝[18]이 있었다. 그곳은 언제나 물이 가득 들어차 있었는데, 간혹 미나리를 채취하기 위해 그곳에 들어가고는 했었다. 처음에는 반바지를 입고 맨발로 미나리를 뽑다 두렁으로 나왔을 때 기겁했었다. 다리 곳곳에 거머리가 달라붙어 있고 그 주위가 온통 피로 물들고 있었던 때문이었다. 즉각 손을 뻗어 거머리를 떼어내려 시도했으나 그 일이 좀처럼 쉽지 않았다.

그런 내 모습을 살피던 어른들이 다가와 담배에 불을 붙이고 그 불로 거머리를 지져대자 거머리들이 떨어지기 시작했다. 그 후 미나리꽝에 들어갈라치면 반드시 긴바지를 입은 채 양말로 바지 끝을 감싸고는 했다.

왜 미나리꽝에 거머리들이 득실거릴까. 바로 환경 때문에 그러하다. 미나리와 거머리는 모두 논이나 습한 환경에서 잘 성숙하기 때문이다. 그런 이유로 미나리를 채취하고는 반드시 거머리를 가려내야 한다.

그런데 미나리를 뜻하는 한자 芹(근)이 흥미롭다. 풀을 의미하는 초두변(艹)과 도끼를 의미하는 근(斤)이 합해졌다는 이야기다. 이를 액면 그대로 받아들인다면 미나리는 도끼 같은 풀이 되는데 과연 그러할까.

이를 위해 芹의 다른 뜻을 살피면 예물로서 변변치 못한 물건을

의미하는데 이와 관련한 답이 정온의 시 **「待得莖長獻我君(대득경장 헌아군, 줄기 자랄 때 기다려 우리 임금께 바치리」**에 등장한다.

이와 관련한 고사다. 옛날 송(宋)나라에서 농부가 겨울이 지나 봄이 오자 등에 햇볕을 쬐면서 자기 아내에게 "햇볕을 쬐면서도 그 따사로움을 아는 사람이 없소. 이것을 임금님께 알려 드리면 후한 상을 내리실 것이오" 하였다. 이에 그 마을의 부자가 말하기를 "옛날 사람 중 콩잎과 미나리 같은 것들을 맛있다고 생각하여 고을의 부자에게 먹어보라고 말했는데, 그 부자가 그것을 가져다 먹어보니 입이 쓰리고 배가 아팠다네. 이에 여러 사람들이 그를 비웃고 원망했네" 하였다. 즉, 미나리는 임금을 위한 신하의 충성을 비유하는 겸사로 쓰인다.

이제 미나리의 실체에 접근해보자. 《매일신문》에 실려 있는 내용이다.

미나리는 각종 비타민과 무기질이 풍부한 대표적인 알칼리성 식품이다. 따라서 미세먼지와 황사로 인해 산성화된 몸을 중화시키는 데 도움을 준다. 또한 식이섬유가 풍부해서 체내에 축적된 중금속을 해독하는 데 효과적이다.

미나리에는 혈압을 낮추어 주는 혈압 강하 작용이 있어 고혈압에 좋으며 혈액순환을 돕고 체내 열을 내려주며 독을 제거해주는 해열 및 해독 작용도 한다. 간의 활동에 도움을 주어 간 기능 향상과 숙취 해소 및 피로회복에도 효능이 있다.

미나리에는 식이섬유가 많아 변비 예방에 좋고 비타민 A, B₁, B₂, C와 무기성분인 칼슘, 인, 철 등이 풍부해 현대인의 불균형한 식생활 개선에 도움을 준다. 미나리 특유의 향을 내는 방향성 정유(精油) 성분은 보온이나 발한 작용을 해 감기나 냉증 치료에 도움이 된다.[19]

이런 미나리를 서거정이 나 몰라라 할 턱없다. 그의 작품 **「미나리와 미나리 국」** 감상해본다.

미나리

미나리는 예로부터 좋은 나물인데
아침밥상에 국으로도 좋다네
청니는 오늘날 심은 곳이요[20]
벽간[21]은 예전 이름이라네
이미 시인의 읊조림에 들었으니
들판 노인의 정으로 자랑할 만하네

---

19) 출처: 김민정, "김민정의 생활 팁' 봄이 제철, 미나리', 《매일신문》, 2018.3.17.
20) 청니(靑泥)는 오늘날 심은 곳이요: 두보(杜甫)의 최씨동산초당(崔氏東山草堂) 시에 '쟁반에는 백아곡 어귀의 밤을 벗겨 놓았고, 밥 먹을 땐 청니방 밑의 미나리를 삶아 내었네'라고 하였는데, 청니방은 지명이었는바, 여기서는 그와 달리 진흙의 뜻으로만 쓰였다.
21) 벽간(碧澗): 두보(杜甫)의 시에 '신선한 붕어회는 은빛 실을 날리고, 향기로운 미나리로는 벽간갱을 끓이었네'라고 한 데서 온 말인데, 벽간갱이란 미나리 나물에 조미료를 섞어 끓인 국을 말한다.

나 역시 구구한 정성 바치고 싶어

남쪽 마루에 앉아 햇빛에 등 쬐네

芹(근)

芹子由來美(근자유래미)

晨盤亦可羹(신반역가갱)

靑泥今日種(청니금일종)

碧澗舊時名(벽간구시명)

已入詩人詠(기입시인영)

堪誇野老情(감과야로정)

區區吾欲獻(구구오욕헌)

曝背坐南榮(폭배좌남영)

미나리국

아침에 벽간에서 향기로운 미나리 캐와

두보의 국 가운데 공훈 세우고 싶네

나는 시골 사람처럼 이 맛을 함께하니

다만 구구한 정성 우리 임금께 바치고자 하네

芹羹(근갱)

朝來碧澗採香芹(조래벽간채향근)

杜甫羹中欲策勳(두보갱중욕책훈)

我與野人同此味(아여야인동차미)

區區只欲獻吾君(구구지욕헌오군)

배추

서거정의 『村廚八詠(촌주팔영)』에 등장하는 작품이다.

배추김치

하늬바람이 늦가을 배추 향기 불러오자

항아리에 김치 담으라 색깔 정말 노랗네

나보다 먼저 주옹이 이를 사랑했으니

씹으니 맛이 고량진미와 대적할 만하네

菘虀(숭제)

西風吹送晚菘香(서풍취송만숭향)

瓦甕鹽虀色政黃(와옹염제색정황)

先我周顒曾愛此(선아주옹증애차)

嚼來滋味敵膏粱(작래자미적고량)

　상기 작품에 등장하는 주옹은 중국 남제(南齊) 때 은사(隱士, 벼슬
하지 아니하고 숨어 살던 선비)로, 문덕태자(文德太子)가 일찍이 주옹에

게 채소 중에 어떤 나물 맛이 가장 좋으냐고 묻자 "초봄의 이른 부추나물과 늦가을의 늦배추였습니다"라고 말할 정도로 배추를 좋아했던 사람이다.

그런데 왜 필자가 서거정의 이 작품을 인용했을까. 물론 배추에 대한 오해를 불식시키고자 함이다. 배추와 관련 일부 단체에서 언급하고 있는 내용이다.

> 숭채(菘菜, 배추)의 기록이 있는 문헌으로는 『훈몽자회(訓蒙字會)』가 있는데 중국에서 도입된 무역품의 하나로 숭채 종자가 포함되어 있었을 것으로 추정되고, 그 후 중종 때(1533년)와 선조 때에도 숭채 종자가 중국으로부터 수입되었다.[22]

명백한 오류다. 『훈몽자회』는 1527년 최세진이 지은 작품으로 서거정은 『훈몽자회』가 모습을 드러내기 한참 이전 사람이기 때문이다. 그런데 왜 이런 오류가 발생했을까. 여러 기록에 의하여 배추김치의 등장은 여타의 다른 김치에 비해 시기가 상당히 늦기 때문에 그런 게 아닌가 추측해본다.

여하튼 배추의 등장은 늦지만 배추는 이후 김치의 주재료로 각광받게 된다. 그 이유를 《문화일보》에 실린 기사에서 찾아본다.

---

22) 출처: 윤강대, '배추뿌리차, 식이섬유·비타민C 풍부… 오슬오슬 춥고 열 날때 '효험'', 《문화일보》, 2016.11.23.

배추는 먼저 장(腸) 건강에 도움이 된다. 배추를 세로로 찢으면 하얀 실처럼 나오는 식이섬유를 볼 수 있다. 식이섬유는 장의 연동운동을 촉진하고 장내 유해세균, 독성물질, 콜레스테롤 등을 바깥으로 배출해 소화불량과 변비뿐 아니라 각종 대사질환을 예방하는 효과를 가지고 있다.

또한 배추는 면역력을 높이고 신진대사를 원활하게 돕는 비타민 C가 풍부한 채소이다. 배추 100g만 먹어도 비타민 C 하루 권장량을 채울 수 있다. 특히 배춧속 비타민 C는 열을 가하거나 소금에 절여도 잘 파괴되지 않는 특징이 있기 때문에 배추 끓인 국은 감기로 인한 열과 기침, 가래를 해소하는 데 사용된다. 김치로 담가 먹으면 발효 과정에서 비타민 C가 최대 2배 많아지기도 한다.

배추로 담근 김치가 신맛이 나는 이유는, 바로 요구르트의 4배 정도가 들어 있는 유산균 때문이다. 유산균은 배변 활동을 원활히 해줄 뿐만 아니라 장내 유해균을 억제한다. 장내 유해균이 많아지면 면역 시스템에 장애가 생기고 알레르기나 염증 등을 유발한다. 이때 장내 유익한 유산균을 섭취하면, 장내 산도를 높여 유해균과 부패 산물을 억제하고 면역 시스템의 회복을 도와 아토피 등의 장 면역질환을 개선하는 데 도움이 된다.

이 정도면 배추 그리고 배추김치가 김치의 지존으로 등극하게 된 사연 알 만하다. 이를 염두에 두고 다시 서거정의 작품 「배추

(菘, 숭)」 감상해보자.

파랗고 하얀 싱싱한 배추
하나하나 봄 쟁반에 담아
가늘게 씹으면 어금니 울리고
소화 잘돼 폐와 간에 좋다네
고기에 견줄 걸 누가 알겠나
밥으로 가하다 권할 만하네
주랑이 먼저 나를 얻었으니
돌아감 역시 어렵지 않다네

生菘靑間白(생숭청간백)
一一釘春盤(일일정춘반)
細嚼鳴牙頰(세작명아협)
能消養肺肝(능소양폐간)
誰知能當肉(수지능당육)
亦足勸可餐(역족권가찬)
周郞先得我(주랑선득아)
歸去亦非難(귀거역비난)

주랑(周郞)은 앞서 이야기했던 주옹(周顒)을 지칭한다.

부추

이응희 작품으로 이야기 시작하자.

부추

싱싱한 채소 곳곳에 자라니
내 집 서동 쪽에 펼쳐졌네
빼어나고 곧음은 침과 같고
뾰족하고 가늘기는 잣나무 잎이네
반가운 손님 오면 비 맞으며 베어
아침에 멀리 온 손님 대접하네
공부가 간 지 천년 후에
진한 향기 늙은이 소유되었네

韮(구)

嘉蔬隨地種(가소수지종)
敷我屋西東(부아옥서동)
秀直針身似(수직침신사)

尖纖柏葉同(첨섬백엽동)

雨剪佳賓至(우전가빈지)

朝供遠客逢(조공원객봉)

工部千年後(공부천년후)

馨香屬老翁(형향속노옹)

工部(공부)는 당(唐)나라 숙종 때 공부원외랑(工部員外郞)을 역임한 두보(杜甫)를 가리키는데 그가 20년 만에 친구를 찾아 반갑게 접대받고 다음과 같이 회포를 풀어낸다.

밤비 맞으며 봄 부추 베어

노란 좁쌀 섞어 새 밥 지었네

夜雨剪春韭(야우전춘구)

新炊間黃粱(신취간황량)

상기 작품 하반부가 바로 이 대목을 인용한 것으로 이응희는 자신의 집 주위에 자라나는 부추를 보며 두보를 연상하고 또 부추와 함께하겠다는 암시를 주고 있다. 그런데 왜 이응희는 부추가 자신의 소유라 하였을까.

홍만선의 『산림경제』를 살피면 흥미로운 대목이 등장한다.

부추는 사람에게 가장 유익하므로 마땅히 늘 먹어야 하나, 특별한 매운 냄새 때문에 성정을 함양하는 면에 있어서는 기피하게 된다.

韭最益人。宜常食之。而韭殊辛臭。養性所忌

상기 내용을 상세하게 살피면 아이러니하다. 먹으라는 말인지 말라는 이야기인지 혼돈스럽다. 하여 상기 내용을 나누어 살펴보자. 먼저 인간에게 가장 유익하니 매일 먹어야 한다는 부분에 대해서다. 이는 《경향신문》에 실려 있는 내용으로 대체한다.

부추는 비타민 A와 C가 풍부하며 황화아릴성분으로 독특한 향미가 있다. 황화아릴성분은 소화를 촉진시키고 식욕을 높여주는 효과가 있다.
또 비타민 B_1이 많다. 비타민 B_1은 몸속의 피로물질을 밖으로 배출시키는 역할을 해 피로회복에 탁월하다. 스트레스를 달고 사는 직장인, 주부, 학생 등이 피곤할 때 먹으면 좋은 음식이다.[23]

다음은 특별하게 매운 냄새가 성정을 함양하므로 기피하게 된다는 부분에 대해서다. 이른바 성정, 즉 정력과의 문제다. 홍만선에

---

23) 출처: 이의갑, '[제철 음식 즐기기]비타민 덩어리 '부추', "춘곤증 물렀거라'", 《경향신문》, 2017.4.18.

의하면 부추가 정력 강화에 탁월한 효과를 지니고 있어 이를 금기시해야 한다는 말인데, 현대 의학에서도 부추는 혈액순환뿐 아니라 신진대사도 원활히 이루어지도록 하며 정력을 강화한다고 알려져 있다.

그런 이유로 부추를 부부간의 정을 오래 유지시켜준다는 의미에서 정구지(精久持), 남자의 양기를 세우는 풀이라는 의미의 기양초(起陽草), 오랫동안 먹게 되면 오줌 줄기가 벽을 뚫는다는 의미의 파벽초(破壁草) 등 여러 이름으로 부르고 있을 정도다.

그런 이유 때문인지는 몰라도 우리 선조들은 술자리에 항상 부추를 함께 두었는데 매월당 김시습의 시 중 일부 인용해본다.

부추 뜯어오고 또 술 걸러
권커니 자커니 곤드레만드레 취하네

剪韭復釃酒(전구부시주)
相與期酩酊(상여기명정)

김시습이 자신의 거처에 불쑥 찾아온 낯선 이에게 부추를 뜯어 안주 삼아 술 대접하고 난 이후 지은 작품 중 일부다. 동 작품 전체를 살피면 김시습은 요즈음 말로 필름이 끊어질 정도의 상태에 처하게 되는데 부추가 애주가들에게는 술 안주로도 그만이지 않은가 생각하며 이만 줄인다.

삼채

2011년 10월 26일《한국경제》에 실린 기사 인용한다.

서울 가락동 농산물도매시장에 최근 낯선 채소가 등장했다. 뿌리는 미나리를 닮았고, 머리 부분은 인삼과 비슷한 이 채소는 '삼채'다.

이 채소를 미얀마에서 한국으로 처음 들여온 배대열 퍼시픽에너지 대표는 원래 '별난 매운탕'으로 대박을 터뜨린 외식업체 경영자다. 배 대표는 "생긴 모양과 맛이 어린 인삼을 닮았다고 해 삼채(蔘菜)라고도 하고 쓴맛, 단맛, 매운맛 등 3가지 맛을 가지고 있다고 해서 삼채(三菜)로도 불린다"라고 설명했다. 이 채소의 정체는 히말라야산맥의 언저리인 미얀마 샨주 해발 1400~4200m 고산지에서 자라는 식물이다. 산지인 미얀마에서는 주밋(뿌리부추)이라고 부른다.

배 대표가 한 식품연구원에 의뢰해 분석한 자료에 따르면 이 삼채에는 유황성분이 마늘보다 6배나 많이 들어 있다. 100g당 유황성분이 마늘은 0.5㎎인 데 비해 삼채는 3.28㎎이라는 것. 유황은 피부 노화를 방지하며 항암 성분을 지니고 있다는 평가다.

상기 기사에서 살피듯 삼채가 이 땅에 재배되기 시작한 시점은 최근이다. 그런데 그 이름인 삼채는 주로 역사소설을 집필하고 있는 필자에게 전혀 낯설지 않다. 신라 시대에 청색·녹색·황색의 세 가지 색깔을 띠는 토기의 이름이 삼채이기 때문이다.

물론 한자는 다르다. 토기 이름의 한자 표기는 三彩로 나물을 의미하는 菜가 아니라 색깔을 의미하는 彩를 사용한다. 이 대목에서 나물 삼채에 대한 작명이 조금은 아쉬운 생각이 일어난다. 세 가지 맛을 지니고 있다면 오히려 삼미채(三味菜)라 표기했어야 하지 않았는가 하는 생각이다.

삼채장아찌 24)

---

24) 사진 제공: ㈜승화푸드.

여하튼 현재 선풍적 인기를 구가하고 있는 삼채는 원산지가 히말라야 산맥으로 그곳에서는 길가에서 흔하게 볼 수 있는 식물이며, 그곳 주민들은 식용으로 활용하기 이전에 감기에 걸리거나 아플 때 뜯어 먹는 약초 정도로 생각한다고 한다.

아울러 고대 중국인과 로마인들도 화상 등에 약초로 사용하였다 한다. 반면 유럽에서는 고급 음식 재료로 사용되고 있다 하는데 이 대목에서 힌트를 얻어 식용으로 활용하기 시작한 게 아닌가 하는 생각이다.

왜 삼채가 선풍적인 인기를 누리는지 《문화일보》 기사로 대체한다.

삼채의 효능과 관련해 가장 많이 거론되는 것이 식이유황성분. MSM(Methyl Sulfonyl Methane)으로도 불리는 이 성분은 소화를 촉진하고, 생리활성을 도와 원기를 북돋워준다. 불가에서 파, 마늘, 달래 등의 오신채를 금기시한 것도 이 식이유황 때문이다.

식이유황은 자체가 강력한 항산화물질로 DNA 손상을 예방하고, 항염·항균작용으로 면역력 증진에 도움을 준다. 현재까지의 연구결과에 따르면 삼채의 식이유황성분이 황함유 식품의 대명사로 꼽히는 양파나 마늘보다도 많다. 전북대 헬스케어기술개발사업단의 양재헌 교수 연구팀은 삼채를 48시간 건조 후 '비휘발성 식이유황' 함량을 분석한 결과 삼채의 함량(0.5%)이 같은 조건에서의 양파(0.4%), 마늘(0.3%), 부추(0.2%)

보다 상대적으로 높았다고 밝혔다.[25]

상기에 언급한 내용만으로도 삼채는 음식이라기보다도 차라리 만병통치약으로 간주함이 이치에 옳을 듯하다. 그러니 비록 삼채의 원이름이 '주밋'이지만 그를 거부하고, 주밋거리지 말고 먹을 일이다. '주밋거리다'는 어줍거나 부끄러워서 자꾸 머뭇거리거나 주저주저하다는 의미의 우리말 '주뼛거리다'의 북한식 표현이다.

---

25) 출처: 이경택, '인삼 맛 나는 삼채… 디톡스 심봤다', 《문화일보》, 2015.7.15.

상추

이응희 작품이다.

상추

상추 이름 이미 알려져
파 마늘과 함께 하네
이슬 머금은 잎 새 정원에 퍼졌고
바람에 여름 밭에 줄기 자라네
들밥에 저 광주리에 뜯어 채우고
손님 접대 시 가득 뜯는다네
상추로 인해 잠 줄일 수 있으니
파종은 새벽 닭 쫓아야 하네

萵苣(와거)

萵苣名旣著(와거명기저)
葱蒜品相齊(총산품상제)
露葉敷新圃(로엽부신포)

風莖長夏畦(풍경장하휴)

饁彼盈筐採(엽피영광채)

供賓滿掬携(공빈만국휴)

蒙君能少睡(몽군능소수)

耕種趁晨鷄(경종진신계)

상기 작품을 살피면 아이러니한 부분이 나타난다. '蒙君能少睡(몽군능소수)'로 상추로 인해 잠 줄일 수 있음을 의미한다. 그런데 그 이유가 걸작이다. 바로 뒤에 이어진다. 새벽에 파종해야 하기 때문이란다.

그런데 필자도 그렇지만 다수의 사람들은 상추를 먹게 되면 졸음을 느낀다. 그런 이유로 필자는 점심 식사의 경우 야채 특히 상추를 기피한다. 밀려드는 졸음 때문에 그러하다. 그런데 필자만 그런 게 아닌 모양이다. 정약용의 시 중 일부다.

상추는 비록 잠 불러오지만

채소류에서 빼놓을 수 없네

萵苣雖多眠(와거수다면)

食譜斯有取(식보사유취)

졸음을 불러오는 상추와 관련 『한국민족문화대백과』에 실린 글 인용해본다.

상추는 유럽·서아시아·북아시아 등지에서 자생하고 있어 그 지역이 원산지로 추측되고 있다. 서기전 4500년경의 이집트 벽화에 상추가 기록된 것으로 보아, 그 재배가 오래전부터 이루어졌으며, 우리나라에는 연대는 확실하지 않으나 중국을 거쳐 전래되었다고 추정된다.

과연 그러할까. 이익의 『한거잡영(閒居雜詠, 한가로이 지내며 여러 가지 사물을 읊은 시가)』 중에 등장하는 상추 관련 글 인용한다.

일찍이 고려 풍속 보잘것없다 들었는데
생채로 밥을 싸 먹는 일이었네
상추 잎은 둥글고 된장은 자줏빛인데
반찬거리 시골 부엌에서 쉬이 나오네

曾聞麗俗近陶匏(증문려속근도포)
生菜旋將熟飯包(생채선장숙반포)
萵苣葉圓鹽豉紫(와가엽원염시자)
盤需容易出邨庖(반수용이출촌포)

보잘것없는 고려 풍속이라는 부분에 대해 부연 설명하자. 이익의 다른 기록을 살피면 이익이 전해 들은 이 말은 이 나라 사람들의 말이 아니라 중국 사람들의 말로 중국 사람들이 상추로 밥 싸먹는 일을 보잘것없다 했다고 한다.

여하튼 이번에는 한치윤의『해동역사』에 실려 있는 글 인용한다.

> 고려국의 사신이 오면 수(隋)나라 사람들이 채소의 종자를 구하면서 대가를 몹시 후하게 주었으므로, 인하여 이름을 천금채(千金菜)라고 하였는데, 지금의 상추이다.

이익과 한치윤의 기록을 살피면 상추가 중국을 통해 전래되었다는 말은 쉽사리 납득하기 힘들다.『한국민족문화대백과』에서는 이와 관련하여 중국을 통해 전래된 상추가 이 땅에서 개량되어 역전래되었다고 덧붙이고 있는데 입증할 만한 단서가 나타나지 않고 있다.

여하튼 상추와 관련하여 흥미로운 이야기해보자. '고추밭에 상추 심는 년'이라는 속담에 대해서다. 상추를 딸 때 줄기에서 나오는 우윳빛 진액이 남자의 정액과 비슷하다 하여 상추가 정력을 강화시켜주는데, 색을 밝히는 여자들이 고추밭 이랑 사이에 상추를 심어 남편의 정력을 증진시키고자 하는 데서 비롯되었다.

그렇다면 상추가 정력 강화에 도움을 줄까. 필자는 이에 대해 그럴 수도 있다고 답하고 싶다. 왜냐, 상추를 섭취하게 되면 졸음이 밀려오고 또 충분히 휴식을 취하고 나면 컨디션이 상승되니 그럴 수도 있다는 이야기다.

실제 그런지 《전북도민일보》에 실린 기사 인용한다.

상추는 신장 기능에 정력을 강화해주고 있는 것으로 알려져 있다. 혹자들은 상추에서 나오는 진액이 정액과 비슷해서 생긴 말일 뿐이라고 하기도 하지만 위장에도 좋은 채소는 확실하다. 특히 기원전 4500년경 고대 이집트 피라미드 벽화에 상추는 철분이 많고 혈액을 증강시키며 피를 맑게 하는 기능이 있다. 그리고 화병(火病) 등에 좋다고 기록돼 있다고 한다. 옛말에 '고추밭이랑 사이에 심은 상추가 훨씬 좋다'는 속설. 남편 밥상에 자주 상추를 올려놓는 며느리에게 시어머니는 '고추밭 상추 가리는 년'이라고 시샘했다는 속설도 있어 정력과 무관하지는 않은 것 같다.[26]

---

26) 출처: 모악산(오피니언), '천금채(千金菜) 상추', 《전북도민일보》, 2016.7.28.

숙주

숙주는 녹두를 시루 같은 그릇에 담아 물을 주어 싹을 낸 나물이다. 숙주나물이나 녹두나물이라 부르기도 한다. 허균의 『성소부부고』를 살피면 숙주나물(豆芽菜, 두아채)과 관련 **'녹두(菉豆)를 좋은 것으로 가려 이틀 밤을 물에 담가 불을 때를 기다려서 새 물로 일어서 말린 다음, 갈자리(蘆席, 노석)에 물을 뿌려 적셔서 땅에 깔고는 그 위에 이 녹두를 가져다 놓고서 젖은 거적으로 덮어두면 그 싹이 저절로 자란다'**고 기록되어 있다.

아울러 숙주나물의 재료인 녹두에 대해 살펴본다. 녹두 하면 은연중에 떠오르는 인물이 있다. 동학란을 주도했던 녹두 장군 전봉준이다. 체격은 비대하지 않지만 녹두처럼 단단하다고 해서 붙여진 이름인데 그와 관련한 노래 감상해보자.

새야 새야 파랑새야
녹두밭에 앉지 마라
녹두꽃이 사라지면
청포장수 울고 간다

이 가사에서 새, 파랑새는 왜군을 그리고 녹두밭은 동학농민군 그리고 청포장수는 백성들을 의미한다는 사실 단번에 알게 되는데, 청포에 대해 잠시 언급하자. 청포(淸泡)는 녹두로 쑨 묵을 의미하는데 다수의 사람들이 청포를 푸른색의 도포 혹은 푸른 베로 오해하고 있기 때문이다.

내친김에 이응희 작품 「녹두(菉豆)」 감상해보자.

녹두란 품종 너무 작아

오곡 중에 끼기 어렵네

서리 내리면 검은 껍질 드리우고

바람 차면 녹색 구슬 터지네

만두로 삶으면 흰 눈 의심되고

죽 끓이면 누런 구름 움직이네

매일 먹는 음식 못되지만

단 다스림에 가장 뛰어나네

品物誠微細(품물성미세)

難居五穀門(난거오곡문)

霜中垂玄殼(상중수현각)

風凄綻綠璠(풍처탄녹번)

烹饅凝白雪(팽만의백설)

煎粥擾黃雲(전죽우황운)

不得爲恒食(부득위항식)

治丹獨樹勳(치단독수훈)

마지막 부분에 녹두의 진실이 드러난다. 治丹으로 말 그대로 '단을 다스린다'로 돌려 이야기하면 독을 제거하는 데 가장 뛰어나다는 말이다. 아마도 이런 이유로 현대 의학에서 녹두를 **해독의 제왕**이라 부르는 모양이다.

여하튼 이제 숙주나물로 넘어가보자. 녹두나물을 지칭하여 숙주나물이라 칭하는데 이 부분과 관련 조선조 세조 시절 문신인 신숙주(申叔舟)가 거론되기도 한다. 상왕으로 물러난 단종의 복위 과정에 발생한 사육신 사건 당시 신숙주가 그들을 배신하였고, 백성들이 그를 미워하여 나물 이름을 숙주라 하였다는 이야기다.

아울러 숙주나물로 만두소를 만들 때 짓이겨서 하기 때문에 신숙주를 이 나물 짓이기듯이 하라는 뜻이 담겨 있다는 이야기다. 완벽하게 와전된 이야기다. 사육신 사건을 사전에 세조에게 고변한 인물은 정창손의 사위 김질이었기 때문이다.

그런데 왜 하필이면 나물 이름을 숙주로 지칭했을까. 필자는 이 대목에서 녹두에서 발아되었기에, 즉 녹두를 숙주(宿主)로 하여 탄생한 나물이라 숙주란 명칭이 생겨난 게 아닌가 하는 추측해본다.

여하튼 이제 숙주의 진가에 대해서도 살펴보자. 《헤럴드 경제》 기사 인용한다.

숙주나물은 비타민 B와 C가 풍부하게 함유돼 있어 면역력 강화나 기관지 보호에 아주 좋다고 한다. 특히 비타민 B_6가 가지의 10배, 우유의 20배에 달할 정도로 풍부해 하루에 150g 정도를 먹는 것만으로도 필요한 양을 충분히 채울 수 있는데, 이는 체내에 쌓인 독소를 배출하고 해독하는 효과가 있고 단백질 대사에 관여해 면역기능 강화, 간 기능 회복 등의 효능을 준다.

숙주는 또 불용성과 수용성 식이섬유가 함께 들어 있으면서도 칼로리가 아주 낮아 변비나 다이어트에 도움을 준다. 또 이뇨 효과가 있어서 몸의 부기를 빼주고, 몸속에 있는 유해물질을 배출해주는 효과가 있고, 아스파라긴산이라고 하는 아미노산이 풍부해 피로회복이나 숙취에 탁월하다고 알려져 있다.[27]

---

27) 출처: 김성훈, '[리얼푸드] 한식의 숨은 실세 '三色 나물'',《헤럴드 경제》, 2015.9.24.

쑥갓

김창업 작품 「동호, 속명호개(蒿蒿, 俗名蒿芥)」다.

이름 모르는 채소 있는데

자그마한 꽃 누런 국화 같네

동호는 본초에 기재되어 있는데

보건대 나는 세세히 살피지 못했네

有荣不知名(유채부지명)

小花如菊黃(소화여국황)

蒿蒿載本草(동호재본초)

顧我考未詳(고아고미상)

    고려시대 때부터 식용된 것으로 추측되는 쑥갓의 한자명이 상기 작품에 등장하는 蒿蒿(동호)다. 김창업은 쑥갓의 꽃이 국화 같다고 했는데 정약용도 그의 작품에서 **蒿蒿花似蘜(동호화사국)**이란 표현을 사용하여 '**쑥갓 꽃은 국화와 비슷하다**'라고 했다.

    이를 살피면 쑥갓과 국화의 관계가 궁금하지 않을 수 없다. 실제로 쑥갓의 꽃은 국화와 닮았는데 조선조 실학자 이규경은 그의 작품인『오주연문장전산고(五洲衍文長箋散稿)』에서 쑥갓을 지칭하여 **高麗菊(고려국)**, 즉 고려의 국화로 명명하고 있다.

그렇다면 쑥갓이란 이름은 어디서 파생했을까. 바로 동호의 속명 호개(蒿芥)에서 기인한다. 蒿芥에서 蒿는 쑥을 그리고 芥는 갓을 의미하니 더하여 쑥갓이 된 게다. 이러한 이유로 쑥갓을 쑥을 의미하는 艾(애)와 芥를 합하여 艾芥라 지칭하기도 한다.

여하튼 다시 상기 작품으로 돌아가보자. 본초는 송나라 당신휘(唐愼徽)가 짓고 구종석(寇宗奭)이 수성한『경사증류대전본초(經史證類大全本草)』의 약칭으로 약물학에 대한 저서라는 뜻에서『증류본초』라고도 한다. 김창업은 본초에 실려 있는 쑥갓을 세세하게 살피지 못해 그 이름을 알지 못했다고 했다.

쑥갓의 유래를 살피면 지중해 연안이 원산지로 알려져 있는데 그곳에서는 식용이 아닌 관상용으로 재배되고 있고 그 이름 또한 크라운 데이지(Crown Daisy, 왕관 모양의 데이지 꽃)로 채소가 아닌 꽃으로 분류되고 있다.

그런데 흥미로운 기록이 있다.『일성록』을 살피면 병자호란 당시 청나라 심양에 볼모로 잡혀갔던 봉림대군(후일 효종)을 호종했던 노원 역리 출신 홍꿋룡(洪耉龍)이 효종이 환국할 때 호개(蒿芥) 종자를 숨겨 와 왕십리에 파종하였고 효종이 보위에 오른 이후 쑥갓을 진상하여 가자(加資, 품계가 오름)되었다는 기록이다.

이를 액면 그대로 받아들이면 앞서 이야기, 고려시대부터 식용되었다는 이야기는 오류일 수밖에 없다. 그러나 조선조 3대 임금인 태종 이방원이 '**이제부터 어선**(御膳)**에 苘菜**(동채, 쑥갓)**를 올리지 말라**'라고 지시한 기록을 살피면 고려시대에도 식용되었다는 추측이 그르지 않다.

이제 조선 후기 문신이었던 이학규(李學逵, 1770~1835)의 작품 「**쑥갓**(艾芥, 애개)」 감상해보자.

> 쑥으로 싹 터 그 대는 갓인데
> 그윽한 향기 입안 가득하네
> 일찍이 난로에 기여했다 들었고
> 늦가을 다시 심어도 되네
>
>
> 蒿芽芥其臺(호아개기대)
> 芳馨溢齒本(방형일치본)
> 嘗聞煖爐供(상문난로공)
> 再蒔須秋晚(재시수추만)

상기 작품에 등장하는 煖爐(난로)에 대해 부연한다. 난로는 난로회의 준말로 10월 초하루가 되면 화로에 숯불을 피우고 석쇠를 올려놓은 다음 쇠고기를 양념하여 화롯가에 둘러앉아 구워 먹었던 풍습인데 그 과정에 쑥갓이 등장한다고 한다.

그만큼 쑥갓이 애용되었음을 의미한다. 그 이유가 무엇일까. 아이러니하게도 상기 작품에 그 이유가 함축되어 있다. 이에 대해서는 독자들의 몫으로 남긴다. 그윽한 향기를 의미하는 芳馨(방형)과 난로회에 기여했다는 煖爐供(난로공)을 살피면 능히 짐작되리라 생각한다.

시금치

시금치에 대한 『한국민족문화대백과』 기록 살펴본다.

원산지는 페르시아 지방으로 중국을 거쳐 우리나라에 전래된 것으로 추측된다. 우리나라는 1577년(선조10)에 최세진(崔世珍)에 의해서 편찬된 『훈몽자회』에 처음 시금치가 등장하고 있어서 조선 초기부터 재배된 것으로 여겨진다.

먼저 『훈몽자회』에 대해 언급하자. 앞서 '배추' 챕터에서 언급했지만 『훈몽자회』는 1527년, 즉 중종 22년에 최세진이 지은 한자 학습서다. 그런데 상기 글은 그 시기를 **1577년(선조10)**으로 단정하고 있다. 이 대목 바로 잡아야 할 일이다.

여하튼 상기 내용이 옳은지 살펴본다. 김창업의 형인 김창협(金昌協, 1651~1708) 작품이다.

시금치 속명 시근채

시금치는 여러 이름 전하는데
그 시작은 페르시아에서 나왔네

우리 나라에는 속칭 있는데

아마도 적근의 와전인 듯하네

菠薐 俗名時根茱(파릉, 속명 시근채)

菠薐傳數名(파릉전수명)

其始出波羅(기시출파라)

我國有俗稱(아국유속칭)

恐是赤根訛(공시적근와)

상기 작품의 제목인 菠薐(파릉)은 시금치의 한자명으로 전래 과정은 맞다. 그렇다면 전래 시기는 어떠할까. 서거정 작품이다.

동반 급제한 소윤 김영유가 시금치 씨앗을 보내준 데 대하여 사례하다

내게 내버려둔 밭 두어 이랑 있어

가을에 전원 가득 채소 심으려 했는데

고맙게도 자네 시금치 씨앗 많이 거두어

급히 종 아이 불러 내 집에 보내주었네

둥근 줄기는 대 같고 입은 너럭바위 같은데

항아리 가득 절이면 맛이 절로 새콤하네

가을 되면 맛이 풍부할 걸 미리 아니

번거롭더라도 자네 나를 위해 와서 보시게

謝金少尹同年 永濡 送菠荣子(사김소윤동년 영유 송파채자)

我有荒田數頃餘(아유황전수경여)

秋來擬種滿園蔬(추래의종만원소)

感君多送靑菠子(감군다송청파자)

急喚僮奴送弊廬(급환동노송폐려)

圓莖如竹葉如磐(원경여죽엽여반)

滿甕沈虀味自酸(만옹심제미자산)

預識秋來滋味足(예식추래자미족)

煩君爲我一來看(번군위아일래간)

　상기 작품은 서거정이 1457년(세조3) 평양 소윤(정4품)이었던 김영유(1418~1494)가 시금치 씨앗을 보내준 일에 대해 사례하는 글이다.

　상기 글에 등장하는 菠荣(파채)와 菠(파) 역시 시금치를 지칭하는데, 시금치가 서거정과 김영유에게 상당히 친숙한 채소로 여겨진다. 특히 사대부인 서거정은 시금치를 식용하는 방법까지 상세하게 알고 있는 모습으로 보아 오래전부터, 즉 조선을 넘어 고려조 후반에 시금치가 전래되지 않았나 추측해본다.

　여하튼 시금치는 우리 세대에게 미국에서 제작한 인기 애니메이

션 〈뽀빠이〉를 통해 친숙해졌다. 아직도 뽀빠이와 뽀빠이의 여자 친구 올리브, 악역으로 등장하는 블루토의 모습이 선명하게 그려 질 정도다.

줄거리는 〈두 얼굴의 사나이(The Incredible Hulk)〉에 등장하는 헐크처럼, 평소에는 나약한 뽀빠이가 위기에 처하게 되면 시금치 를 먹고 강력한 인물로 변하여 블루토를 응징하는 내용으로 선풍 적인 인기를 끌었다. 아울러 이로 인해 시금치가 남자들의 정력 강 화에 탁월한 효과가 있다 간주하고 애용하기 시작했다.

그러나 시금치와 정력은 별개의 문제다. 그와 관련 1983년 5월 10일 《동아일보》 기사 인용해보자. '시금치 정력제 안 돼', '타자수 실수로 논문 잘못 알려져'라는 제목으로 AFP기사를 인용했다.

> 시금치의 다량 섭취가 정력을 강화시킨다는 학설은 잘못된 것 이며 이 학설을 근거로 뽀빠이 만화까지 등장한 것은 19세기 말 한 조심성 없는 여비서의 타자 실수에 그 전적인 책임이 있 다는 보고서가 최근 발표돼 화제… (하략)

비록 시금치가 정력제로서는 적합하지 않지만 건강식품임에는 틀림없다. 시금치에는 채소 중에서 비타민 C가 가장 많이 들어 있 고 또한 비타민 B_1, 비타민 B_2, 나이아신, 엽산, 사포닌 등이 함유되 어 있으며 당질, 단백질, 지방, 섬유질, 칼슘, 철 등의 영양소도 함 유하고 있어 채소의 왕으로 불릴 정도다.

시래기

조선 후기 박제가·유득공·이서구와 함께 사가(四家)로 명성을 날렸던 이덕무의 작품, **「농촌 집에서 씀(題田舍, 제전사)」** 중 일부로 이야기 시작해보자.

> 겨울 넘기려 시래기 누추한 벽에 매달고
> 액 막음하려 단풍가지 차가운 부엌에 꽂네

> 菁葉禦冬懸敗壁(정엽어동현패벽)
> 楓枝賽鬼挿寒廚(풍지새귀삽한주)

상기 글에 흥미로운 부분이 등장한다. 집안에 액을 막기 위해, 즉 나쁜 귀신을 몰아내기 위해 단풍나무 가지를 부엌에 꽂았다는 대목이다. 과거 우리 선조들이 집안에 액운을 쫓아내기 위해 행했던 여러 이야기를 들었지만 단풍나무 가지로 액을 쫓는다는 이야기는 금시초문이다.

그런데 그 구절에 함정이 숨어 있다. 楓(풍)이란 글자 단독으로 쓰이면 단풍나무를 의미하지만 구절 전체 내용을 살피면 단풍나무가 아닌 신나무를 지칭한다. 신나무는 단풍나무 과의 한 종으로 과거 액운을 쫓는다는 기록들이 심심치 않게 나타나기 때문이다.

그러니 위 글에 등장하는 楓枝는 단풍나무 가지가 아니라 신나무 가지로 해석해야 옳다. 그럼에도 불구하고 단풍나무 가지로 해석한 이유는 이 글을 읽는 독자들로 하여금 그 뜻을 한 번 더 새겨보라는 의미에서다.

이제 본론으로 들어가보자. 물론 상기 글에 등장하는 菁葉(정엽), 즉 시래기에 대해서다. 菁葉에서 菁은 '순무'를, 葉은 물론 '잎'을 의미하며 시래기는 푸른 무청을 겨우내 말린 것이다.

이 대목에서도 눈여겨보아야 할 단어가 등장한다. 바로 무청이란 단어다. 무청은 한자로 蕪菁으로 '순무'를 의미하는 蕪와 '우거지다'라는 의미의 菁이 사용되고 있다. 따라서 동 단어에 등장하는 菁은 '정'이 아닌 '청'의 음가를 지닌다.

여하튼 시래기 하면 귀에 못이 박힐 정도로 들었던 말이 떠오른다. '집이 가난해서 시래기죽도 못 먹을 형편'이란 말이다. 이 말은 시래기가 지난 시절 구황식품으로 서민들로부터 각광받았었음을 의미한다.

농부의 아들로 태어난 필자 역시 어린 시절부터 시래기와 상당히 친숙했었다. 초가 처마 여기저기에 볏짚을 꼬아 엮은 새끼줄에 매달아 놓은 시래기와 노르스름한 흙벽이 조화를 이루고 있던 모습이 지금도 눈에 선하게 그려질 정도다.

당시에는 시래기로 주로 된장국을 끓여 먹었던 것으로 기억한다. 그리고 간혹 시래기와 선지를 함께 넣고 끓인 시래기 선짓국을 먹기도 했다. 시래기 된장국도 고소했지만 선지를 넣고 끓인 시래기 선짓국은 참으로 별미였었다.

이 대목에서 잠시 선지에 대해 이야기하자. 지금이야 선지를 손쉽게 구할 수 있지만 당시에는 주변에 도살장이나 정육점이 있었던 것도 아니라 자주 구입할 수 없었다. 그런데 동네를 드나들던 장사들 중에 몇이 지게에 혹은 짐자전거에 커다란 깡통에 가득 담은 선지를 가지고 와서 팔고는 했었다.

하여 어린 시절 동네 어귀에서 선지 장사의 출현을 애타게 기다리고는 했다. 저만치에서 선지 장사가 모습을 드러내어 급하게 어머니를 찾으면 어머니는 어김없이 선지를 구입하여 '시래기 선짓국'을 만들어 주시고는 했다.

그리고 시간이 흘러 먹을 음식이 다양해지자 시래기는 우리네 실생활에서 점점 멀어져갔다. 그저 소수의 가난한 사람들의 전유물로 전락했고 다수의 사람들에게는 가난했던 시절의 추억의 단편으로 물러섰다.

그랬던 시래기가 현대에 들어 별미 식품 또 건강식품으로 자리매김하기에 이른다. 시래기에 함유되어 있는 영양 성분 때문이다. 이와 관련《충북일보》에 실린 내용으로 대체한다.

시래기는 철분과 무기질, 특히 식이섬유소가 35% 이상으로 풍부한데 운동량이 적은 겨울철 장운동에 도움을 준다. 햇볕에 말리면서 비타민 D가 풍부해져 칼슘의 흡수를 도와 뼈 건강에 좋다. 그뿐만 아니라 겨울철 부족한 일조량으로 줄어든 혈중 비타민 D 농도를 높여 우울증을 예방하는 데도 도움이 된다.[28]

이 대목에서 시래기란 명칭에 대해 언급하고 넘어가자. 그 어원은 확실하게 알 수 없지만 과거에는 거친 채소, 즉 식용하기에 변변하지 않은 채소들을 모두 시래기라 칭한 바 있다. 그를 염두에 둔다면 왜 시래기란 이름이 생겼는지 알 듯하다.

---

28) 출처: 지명순, '지장금의 절기밥상 - 무밥, 시래기국', 《충북일보》, 2018.1.7.

아욱

　필자가 정치판에, 한나라당 중앙사무처 축구부 감독으로 있을 당시 일이다. 토요일이면 새벽같이 국회 운동장으로 달려가 축구 시합을 벌이고는 사우나에 들러 땀을 씻어내고 어김없이 찾아가는 집이 있었다. 바로 아욱국 전문 집이었다.

　된장에 아욱을 넣고 끓인 국인데 먹고 나면 전날 숙취가 사라지고 새로운 기운이 은근하게 솟구치는 느낌이 일어나 언제나 아욱국을 찾았었다. 그런데 필자만 그런 게 아니었던 모양이다. 이응희 역시 다음과 같은 작품을 남긴다.

　아욱

녹색 아욱 채마밭에 가득하니
농가는 늦은 봄이로세
기름진 잎에 진액 많고
부드러운 줄기 맛 더욱 산뜻해
기운은 소자의 죽순보다 낫고
향기는 계응의 순채보다 낫네
왕공이 이 물건 알았다면

내 입에 어찌 들어올 수 있겠나

葵(규)

綠葵盈樊圃(녹규영번포)
田家屬暮春(전가속모춘)
沃葉津多滑(옥엽진다활)
柔莖味更新(유경미갱신)
氣踰蘇子筍(기유소자순)
香過季鷹蓴(향과계응순)
王公知此物(왕공지차물)
安得入吾脣(안득입오순)

이응희에 의하면 규, 즉 아욱의 기운은 소자의 죽순보다 낫고 향기는 계응의 순채보다 낫다고 했다. 소자는 중국 송(宋)나라의 소동파, 즉 소식(蘇軾)을 가리키는데 그의 시 「녹균헌(綠筠軒)」에 '밥에 고기가 없는 것은 괜찮으나, 사는 곳에 대나무가 없어서는 안 되네. 고기가 없으면 사람을 파리하게 할 뿐이나 대나무가 없으면 사람을 속되게 하지. 사람의 파리함은 살찌울 수 있지만, 선비의 속됨을 고칠 수가 없다네' 한 데서 온 말로 아욱이 그 죽순보다 뛰어다는 의미다.

또한 계응(季鷹)은 진(晉)나라 장한(張翰)으로 그는 혼란한 세상에 벼슬살이를 나갔다가 가을바람이 불어오자 고향의 별미인 농어회와 순채국을 그리워하여 벼슬을 버리고 고향으로 돌아간 인물이다. 즉, 아욱 향기가 계응이 그리워했던 순채보다 월등함을 의미한다.

아욱이 정말 그런지 《문화일보》에 실린 기사 인용해본다.

아욱은 비타민이 골고루 들어 있고 칼슘이 많은 알칼리성 식품이다. 시금치보다 단백질은 2배, 지질은 3배 들어 있고 어린이들의 성장 발육에 필요한 칼슘도 시금치보다 2배 정도 더 많다.

특히 칼슘이 부족하면 발육기의 어린이들이 골격 형성도 제대로 안 되어 선병질 체질이 되기 쉬우며, 성격도 신경질적으로 되기 쉽다. 침착성이 없고 끈기 있게 공부나 일을 못하는 어린이들의 성격을 교정시켜주는 데에는 칼슘이 많이 든 아욱이 도움이 될 수 있다.

아욱은 대소변이 잘 나오게 하고 피에 들어 있는 독소를 없애주며, 폐의 열을 내리거나 기침을 멈추게 하는 효능이 있는 것으로 알려졌다. 땀이 많은 사람에게는 땀을 적게 흘리게 하는 효능도 있다. 특히 임산부의 젖이 잘 나오지 않을 때나 유방의 염증 및 해산 후 몸이 붓는 증상에도 효험이 있다고 알려져 있다.

아욱은 이뇨작용을 하기 때문에 신장결석을 치료하는 데 흔히 쓰인다. 한방에서 아욱의 종자를 동규자(冬葵子) 또는 규자라 하여 분비나 배설을 원활하게 하는 약재로 사용하는 것. 아욱의 씨를 약간 볶아 가루로 만들어 조금씩 먹으면 결석치료에 도움을 받을 수 있다.

또 비만증이 있는 사람은 대개 변비 증상을 동반하기 때문에 뚱뚱한 사람들이 아욱을 먹으면 지방이나 숙변을 제거하는 효과를 볼 수 있다. 그러나 동규자는 차가운 성질 때문에 소화기가 약해 늘 대변이 묽은 환자나 임신부에게는 신중히 사용해야 한다.[29]

그런데 왜 葵(규)를 아욱이라 칭했을까. 그 답은 이덕무의 『청장관전서』에 나타난다. '俗名아옥'이라는, 즉 葵의 속명은 '아옥'이라고 한 기록을 살피면 왜 이름이 아욱인지 능히 짐작되리라 본다.

중국에서는 아욱이 채소의 왕으로도 불린다고 하는데 그 이유 충분히 알 듯하다. 이를 위해 내친김에 이규보 작품 **「아욱(葵, 규)」** 감상해보자.

공의휴가 밀쳐버린 건 이익 다투기 싫어서고
동자가 돌보지 않음은 책 읽기 위해서네
재상 그만두고 일없이 한가하게 지내는 사람
잎이 무성해진들 무슨 관계 있겠는가

---

29) 출처: 박준희, '아욱, 단백질·칼슘 '시금치의 2배' 씨앗 '동규자' 결석에 효과', 《문화일보》, 2010.6.18.

公儀拔去嫌爭利(공의준거혐쟁리)

董子休窺爲讀書(동자휴규위독서)

罷相閑居無事客(파상한거무사객)

何妨養得葉舒舒(하방양득엽서서)

공의(公儀)는 중국 춘추 시대 노(魯)나라의 재상인 공의휴(公儀休)로 재상으로 있으면서 국록을 먹는 자들이 백성들과 이익을 다투는 것을 꺼리었다. 한번은 자기 집 밭에 난 아욱을 삶아서 먹어보고 맛이 있음을 알자 남김없이 뽑아버렸다는 고사가 있다. 나라의 녹을 먹는 관리로서 농민들이 재배한 채소를 사 주지 않으면 안 된다는 의지의 발로라 한다.

동자(董子)는 중국 전한시대의 대학자인 동중서(董仲舒)로 한때 학문에 열중하여 3년 동안이나 자기 집 아욱밭을 들여다보지 않기까지 하였다고 전해진다.

양파

1980년 3월의 일이다. 당시 공화당에서 이후락을 중심으로 정풍 운동이 전개되자 김종필 총재가 당원 교육 중 다음과 같은 말을 남긴다.

> 양파껍질이 훼손됐다고 해서 벗기고 또 다음 껍질도 흠이 있 다고 벗기다 보면 양파 자체가 없어진다.

필자가 이를 인용한 데에는 우리가 자주 사용하는 '양파껍질 벗 기듯'이란 표현에서 양파의 영어명인 어니언(Onion)에 대해 살펴보 기 위해서다.

Onion을 분리하면 on, I, on이 되는데 공교롭게도 두 개의 on이 I로 연결되어 있다. 그런데 이게 우연일까. 필자는 그리 생각하지 않는다. 군이 on이란 단어를 접목시킨 데에는 그 이유가 있다는 생각이다.

on에 대해 살펴보자. on은 전치사로 a picture on a wall(벽에 걸 려 있는 그림)에서 살피듯 어떤 사물이 표면에 닿아 있는 상태를 의 미한다. 즉 Onion이란 어떤 사물에 계속 닿아 있음을 의미하는 게다. 아울러 양파는 여러 개의 껍질로 이루어져 그런 이름이 생겨난 게 아닌가 하는 생각에 올려본다.

필자가 어린 시절 양파란 이름 대신 '다마네기'를 먼저 알고 사용했었다. 일본어인 다마네기는 양파의 한자 이름인 玉葱(옥총, 둥근 형태의 파)에서 파생되는데 다마는 '구슬'로 玉을, 네기는 '파'로 葱을 의미하기에 그리 불리게 된 게다.

그렇다면 양파는 이 땅에 어느 시점에 전래되었을까. 다수의 사람들은 조선 말엽 미국이나 일본을 통해 전래되었다고 주장하고 있다. 아마도 서구 열강이 이 나라에 들어서기 시작한 무렵으로 그 기원을 잡고 있는 듯 보인다.

그런데 조선 중기 문신인 현덕승(玄德升, 1564~1627)의 작품 「**늦은 봄날 장난삼아 적다(春暮戲書, 춘모희서)**」를 살피면 다음과 같은 대목 등장한다.

좋아할 일 많은 어린 계집종이
보랏빛 그릇에 옥총 담아 가져가네

婢子可憐多好事(비자가련다호사)
玉葱擎進紫霞盃(옥총경진자하배)

이뿐만 아니다. 조선 중기 이후 여러 문건에서 玉葱이 등장한다. 또한 일제강점기 시절 여러 언론에서 다마네기 이전에 玉葱이란 표현을 사용한 점을 감안하면 지금의 양파 형태는 아니지만 오래전에 양파가 이 땅에 존재했었음을 가늠할 수 있다.

여하튼 1931년 9월 26일《동아일보》에 흥미로운 기사 실려 있다. 이른바 '玉葱煎油魚(옥총전유어), 양파전유어' 요리 방법이다. 전유어는 '저냐'로 얇게 저민 고기나 생선 따위에 밀가루를 묻히고 달걀 푼 것을 씌워 기름에 지진 음식인데 양파로 전을 부쳐 먹는 방식을 설명하고 있다.

이를 살피면 양파의 역사는 그리 짧지 않다고 여겨지는데 그 이유를《세계일보》기사 중에서 인용한다.

> 양파의 주요 효능은 항암 효과, 당뇨병 예방, 간 기능 개선 등이 있다. 특히 매운 맛을 내는 알리신 성분이 풍부해서 돌연변이 물질을 없애고 각종 암 예방에 효능이 있다고 알려져 있고, 지방대사에 필수적이고 인슐린 분비를 촉진시키기 때문에 당 수치를 조절하는 데 도움이 된다.
>
> 또한 고기와 함께 조리하게 되면 콜레스테롤을 빼고 혈압을 낮추는 데 효과적이어서 동맥경화나 고혈압 예방에 좋다.[30]

---

30)   출처: 지차수, 'aT, 이달의 제철농수산물로 식탁 위의 불로초 '양파' 선정',《세계일보》, 2018.5.5.

연근

　서긍의 『고려도경(高麗圖經)』 토산(土産)에 실려 있는 글 한 토막 소개한다.

　　고려에서는 연근과 연꽃을 감히 따지 않는데, 나라 사람들이
　　말하기를, "그것은 불족(佛足)이 밟던 것이기 때문이다" 한다.

　토산은 말 그대로 그 지방의 산물로 연근은 이 나라에서 자생하는 식물이다. 그런데 고려 시대에는 연근을 약용 내지는 식용했다는 기록은 보이지 않는다. 『고려도경』에 실려 있는 불족이 그 영향을 미친 듯하다.

　불족은 부처의 흔적으로, 불교 국가였던 고려에서 蓮(연)은 그저 감상의 대상 정도에 머물렀던 듯 보인다. 이를 입증하듯 고려 말 학자들이 연꽃을 노래한 흔적이 곳곳에서 발견되고 있다. 실례로 고려 말 대유학자인 이색이 연꽃을 감상하며 지은 시 중 일부 인용해본다.

　　연뿌리는 냉상과 감밀에 견줄 만하고
　　연꽃은 제월과 광풍 만난 듯하네

藕比冷霜甘蜜(우비냉상감밀)

花逢霽月光風(화봉제월광풍)

　냉상과 감밀은 당나라 문인 한유(韓愈)가 태화산(太華山) 꼭대기에 있다는 연꽃의 전설을 소재로 연근을 표현한 구절 중에 '차기는 눈과 서리 같고 달기는 꿀과 같다'에서, 인용되었다.

　또한 제월과 광풍은 송나라 문인 황정견(黃庭堅)의 '주돈이(周敦頤)는 인품이 너무도 고매해서, 마음의 맑고 깨끗함이 맑은 바람과 갠 달과 같았다'라는 글에서 인용되었다.

　이는 주돈이가 그의 작품인 「애련설(愛蓮說)」에서 '국화는 꽃 중의 은자(隱者)요, 모란은 꽃 중의 부귀자(富貴者)요, 연꽃은 꽃 중의 군자이다'라 일컬었던 데서 비롯된 것으로 볼 수 있다.

　이를 살피면 중국에서는 연근을 식용한 흔적은 있으나 고려에서는 그 흔적을 찾기 힘들다. 그렇다면 연근이 이 나라에서 언제부터 식용되었을까. 그 답은 조선조 대유학자인 이율곡에서 찾을 수 있다.

　이율곡 나이 16세 때 일이다. 어머니인 신사임당이 세상을 떠나자 율곡은 깊은 슬픔에 잠긴다. 그로 인해 급기야 건강까지 잃게 되자 연근으로 죽을 쒀 먹고 건강을 회복하게 된다. 그러나 아쉽게도 연근이 본격적으로 식용된 흔적은 찾기 힘들고 그저 약으로 사용된 흔적만 남아 있다. 『의림촬요』에 그 기록 남아 있다.

토혈이나 코피가 멎지 않는 데는 연근즙(蓮根汁)을 복용한다.

　이를 살피면 연은 감상의 대상과 약 정도로만 활용되었고 본격적으로 식용된 시기는 그리 길지 않아 보인다. 여하튼 '물속에서 나는 불로초' 혹은 '진흙 속의 보물'로 불리는 연근의 효능에 대해 간략하게 살펴본다.

　연근은 항염, 항산화 성분이 뛰어난 비타민 C가 풍부하게 함유되어 있다. 비타민 C는 위염 등 각종 염증을 예방해주고, 간 해독에도 효과적으로 작용하고 피부의 탄력을 유지시키는 콜라겐 합성에도 필요한 성분으로 알려져 있다.

　또한 연근에는 위벽을 보호하고 위염을 완화해주는 위장기능 강화 효능을 지닌 뮤신이란 성분이 있다. 연근을 자르면 가는 실과 같이 끈끈하게 나오는 물질이 뮤신으로 이와 관련하여 흥미로운 기록 전한다.

　당나라 시인인 두보의 글이다.

　　아름다운 여인은 하얀 연근의 실이네
　　佳人雪藕絲(가인설우사)

　상기 글에 '雪藕絲(설우사)'가 바로 뮤신으로 두보는 '연근은 끊어져도 실은 이어진다'고 하면서 헤어진 여인과의 정을 끊지 못하는 모습을 그에 비유하고 있다.

여하튼 현대 의학에 따르면 연근은 이 외에도 피로회복과 숙면에, 고혈압과 고지혈증 예방 그리고 빈혈과 변비 예방에 탁월한 효과를 지니고 있다고 전한다.

　그러나 필자에게는 그 무엇보다도 두보의 글이 가슴에 와 닿는다. 아울러 이별을 염두에 두고 있는 연인들에게 연근을 권하고 싶다. 연근이 緣根(연근, 인연의 뿌리)이라면서 말이다.

오이

『삼국지』에 등장하는, 조조의 셋째 아들인 조식(曹植)의 **군자행(君子行)**으로 이야기 시작해보자.

군자행은 군자가 세상을 살아가는 데 필요한 몸가짐을 이르는데 조식은 이에 대해 '**君子防未然 不處嫌疑間 瓜田不納履 李下不正冠 (군자방미연 불처혐의간 과전불납리 이하부정관)**'이라 했다.

이는 '**군자는 매사를 미연에 방지하여, 혐의로운 지경에 처하지 않으니, 오이밭에서 신 끈을 고쳐 매지 않고, 오얏나무 아래선 갓 끈을 고쳐 매지 않는다**'는 말로 오이밭에서 허리를 굽혀 신 끈을 고쳐 맬 경우 오이 딴다는 의심을 받게 되고, 오얏나무 아래서 두 손을 들어 관을 고쳐 쓸 경우 오얏을 딴다는 의심을 받게 되므로, 그런 혐의를 미연에 방지하자는 뜻에서 한 말이다.

이와 관련하여 우리 역사에 등장하는 오이 이야기 해보자. 바야흐로 고려가 건국되던 해인 918년의 일이다.

후백제의 기병장인 홍유·배현경·신숭겸·복지겸 등이 포악한 왕 궁예를 몰아내고 왕건을 왕으로 추대하기 위해 왕건의 집을 방문한다. 이미 그들의 방문 사유를 감지한 왕건이 부인 유씨(柳氏, 신혜왕후)에게는 그 일을 알리지 않으려고 유씨에게 "동산에 아마 새 오이가 열렸을 테니 그것을 따 오시오"라고 말한다. 이에 따라 유 씨는 자리를 뜨지만 동산으로 가지 않고 그들의 대화를 엿듣는다.

그러기를 잠시 후 그들의 왕위 추대를 한사코 만류하던 왕건에게 유씨가 등장하여 "의로운 군사를 일으켜 포학한 임금을 대체함은 예로부터의 일입니다. 지금 여러 장수들의 의논을 들으니 저도 오히려 분기가 일어나는데, 하물며 대장부이겠습니까"라 말하며 손수 갑옷을 가져다 왕건에게 입혀주므로 고려가 탄생된다.

왕건의 첫째 부인으로 유천궁의 딸인 유씨 부인은 왕건이 오이를 따 오라 했던 그 말의 의미를 간파했던 게다. 오해 살 일을 하지 않겠다는 왕건에게 신발끈을 고쳐 매게 함으로써 왕건은 고려의 시조가 된다.

이뿐만 아니라 오이는 우리 역사에 자주 등장한다. 고려조 문학가요, 정치가였던 정서(鄭敍)는 자신의 후원에 정자를 짓고 오이를 심고는 자신의 호를 과정(瓜亭)이라 명명할 정도였다. 아울러 그의 작품인 「정과정곡(鄭瓜亭曲)」은 고려 유일의 가요로 우리들의 사랑을 받고 있다.

건강한 남성의 생식기를 상징하기도 하는 오이는 오랫동안 이 민족과 긴밀한 관계를 유지하고 있는데 그 이유가 무엇일까. 오이에 대한 현대 의학적 관점의 효능은 차치하고 서거정의 작품으로 대신한다.

오이

이른 서리 내려앉은 주렁주렁 달린 오이
따 담으니 푸른 옥이 쟁반 가득 향기롭네
얼음에 띄우면 해갈의 공이 더욱 뛰어나니
강남 여자의 즙은 아랑곳하지 않네

黃瓜(황과)

瓜子纍纍著早霜(과자누누착조상)
摘來靑玉滿盤香(적래청옥만반향)
調氷解渴功尤妙(조빙해갈공우묘)
不數江南荔子漿(불수강남여자장)

상기 작품에 흥미로운 부분이 등장한다. 調氷(조빙)으로 얼음과 함께한다는 의미인데 이는 곧 우리가 즐겨먹는 오이 냉채를 지칭한다. 그리고 그를 먹을 경우 중국 광동성 지방의 특산물로 붉은색을 띠고 있는 달콤한 과일인 荔子(여자)가 울고 갈 정도라 한다.

그런 이유 때문인지 등산을 좋아하는 사람들의 배낭에는 언제나 오이가 함께하고 있다. 오이가 갈증 해소에는 그만임을 입증하는 대목이 아닐 수 없다. 이는 이응희의 작품에서도 나타나는데 그 역시 감상해보자.

오이

자투리 땅에 새 채마밭 만들어
오이 가꾸니 재미 깊어지네
몇 촌의 푸른 옥이 매달리니
한 척 크기 황금빛 빛나네
짧게 썰면 전 부쳐 먹기 좋고
통째로는 김치 담그기 좋네
여름과 관련하여 가장 좋은 건
씹어 먹으면 답답한 가슴 상쾌해지네

黃瓜(황과)

隙地開新圃(극지개신포)
鋤瓜寄興深(서과기흥심)
數寸垂碧玉(수촌수벽옥)
盈尺耀黃金(영척요황금)
短斫宜燔炙(단작의번자)
全盛可水沈(전성가수침)
最愛關當暑(최애관당서)
餤嚼滌煩襟(담작척번금)

우엉

먼저 한 시 한수 감상해보자.

「유 개성 구(玽)가 우엉과 파와 무를 섞어서 담근 김치와 장을 보내오다(柳開城 玽。送牛蒡, 蔥, 蘿蔔拌沈葅醬)」중 일부다.

봄에 파종하면 형상이 처음 싹 트고
가을에 뿌리 수확하면 몸통에 진액 차네
공부의 시 세 번 반복해 읊으며
전혀 가난하지 않았던 금리를 회상하네

春風下種形初茁(춘풍하종형초줄)
秋露收根體自津(추로수근체자진)
工部一聯時三復(공부일련시삼복)
回頭錦里不全貧(회두금리불전빈)

상기 시는 고려 말 대유학자인 이색의 작품이다. 고려와 조선조에 걸쳐 관직을 역임했던 유구(柳玽, 1335~1398)가 우엉과 파와 무로 담근 김치를 보내오자 그에 대한 사례의 의미로 지은 작품이다.

工部(공부)는 당나라의 시인인 두보(杜甫)를 가리키고 錦里(금리)는 두보의 작품에 등장하는 인물이다. 더하여 상기 작품은 우엉만 있어도 굶지는 않을 것이라는, 不全貧(불전빈)의 의미를 담고 있다.

필자가 굳이 상기 작품을 인용한 데에는 그럴 만한 이유가 있다. 우엉에 대한 세간의 오해를 풀어내고자 함이다. 많은 사람들이 우엉이 중국과 일본에서는 오래전부터 식용되었는데 한국에서는 최근에 식용으로 재배되고 있다 믿고 있기 때문이다. 즉, 우엉이 오래전부터 식용되었다는 사실을 확인시켜주기 위함이다.

참고로 이색의 다른 작품에서도 '牛蒡洗削可朝烝(우방세삭가조증)'이란 글이 등장한다. 이는 '우엉은 씻어서 깎아 조찬으로 쪄내는 게 가하다'라는 의미로 우엉을 식용하는 방법 중 하나를 확인시켜 주고 있다.

또한 조선 후기 실학자인 이규경은 우엉에 대해 다음과 같이 기록하고 있다.

> 우방은 일명 서점으로, 속명은 와응이다. 뿌리는 순무 같고, 조리해 먹으면 맛이 훌륭하다.
> 牛蒡。一名鼠粘。俗名臥應。其根如菁。作荣食甚佳

여하튼 상기 작품 제목에 등장하는 牛蒡(우방)이 우엉을 지칭한다. 牛는 물론 소를, 蒡은 우엉을 의미한다. 아울러 蒡이란 한 글자로도 우엉을 의미하는데 굳이 牛를 덧붙인 그 이유가 궁금하지 않을 수 없다. 하여 필자는 우엉의 모습이 소의 꼬리와 흡사하여 그리 명칭을 정한 게 아닌가 하는 생각을 해본다.

우엉은 아삭아삭한 식감은 물론이고 당질의 일종인 이눌린이 풍부해 신장 기능을 높여준다고 한다. 또한 우엉을 자르면 끈적거리는 물질이 나오는데 이게 바로 리그닌이라는 성분으로 장내 발암물질을 흡착하여 체외로 배출하는 작용을 하고 변비와 다이어트에 이롭다고 한다.

우엉과 관련하여 흥미로운 이야기 해보자. 우엉의 씨를 한자로는 牛蒡子(우방자)라고 하는데 한방에서는 이를 惡實(악실), 즉 '악하다' 혹은 '나쁘다'라는 의미가 강한 열매라 지칭한다. 참으로 이해하기 힘들다.

열을 내리고 월경(月經)이 나오게 하는 등 소중한 약재로 사용되는 우엉씨의 이름을 그리 정한 데에는 우엉의 생김에서 비롯된다. 우엉의 씨가 형상이 좋지 못하고 구자(鉤刺, 약간 구부러진 가시)가 많기 때문에 붙인 이름이라 한다. 그런 경우라면 악실이 아닌 '모양이 추하다'라는 의미에서 추할 추를 사용하여 추실(醜實)이라 하는 게 어떨까 하며 씁쓰레하게 웃고 만다.

취

취나물류는 우리나라에 자생하는 320여 종의 산나물 중 60여 종으로 가장 많다고 알려져 있는데, '취'는 나물을 뜻하는 채(菜)에서 유래되었다고 한다. 즉, 나물을 의미하는 '채'가 시간이 흘러 '취'로 변화했다는 이야기인데 참으로 납득하기 힘들다. ㅏ와 ㅣ의 합성 모음인 ㅐ가 ㅜ와 ㅣ의 합성 모음인 ㅟ로 변한 경우는 전례를 찾기 어렵고 또한 이름치고는 너무나 밋밋하기 때문이다.

하여 사학을 전공한 아내에게 취의 이름이 왜 '취'인지 묻자 대뜸 반문한다. "향기에 취한다 해서 '취'라는 이름이 붙은 거 아니야?"라고 말이다. 오히려 아내의 답이 설득력을 더한다. 지명, 인명도 그러하지만 모든 물체는 그 물체가 지니고 있는 정체성에서 이름이 비롯된다는 사실 때문이다.

아내의 답변에 무게를 두고 고문서를 살피는 중에 취, 특히 참취를 가리켜 향소(香蔬)라 지칭하는 대목을 발견하게 된다. 향소는 말 그대로 향기 나는 나물을 의미한다. 아울러 이로 인해 '향취'란 단어가 생겨난 것은 아닌가 하는 생각해본다.

여하튼 이와 관련 황섬의 「스님이 참취를 보내오다(山僧送香蔬, 산승송향소)」라는 작품 중 일부 살펴보자.

신비로운 싹 비와 이슬 맞으며

향기로운 잎 안개와 노을에 자라네

다 자라면 손바닥보다 크고

삶으면 비단처럼 연하네

비린내와 노린내는 전혀 없고

산기운만 입안 시원하게 해주네

靈苗承雨露(영묘승우로)

香葉長烟霞(향엽장연하)

采出大於掌(채출대어장)

湘來軟似紗(상래연사사)

腥羶非食性(성전비식성)

山氣爽喉牙(산기상후아)

황섬은 취를 지칭하여 산기(山氣)를 고스란히 머금은 나물이라 했다. 산기는 산속 특유의 맑고 서늘한 기운으로 취가 바로 그러하다는 이야기다. 그런데 정말 그럴까. 이를 위해 《서울경제》에 실린 기사 인용해본다.

취나물의 효능은 칼륨이 다량으로 포함되어 있기 때문에 체내의 염분을 몸 밖으로 배출해내는 데 탁월하며, 열량이 낮아 다이어트에도 효과적이다. 또한 취나물은 비타민 A와 탄수화물,

칼륨, 아미노산의 함량이 풍부해, 두통과 감기, 진통 해소에도 좋다.

칼륨의 함량이 높은 취나물을 볶을 땐, 들깨에 물을 붓고 갈아 넣으면 단백질과 지방이 첨가되어 영양적으로 우수한 음식이 될 수 있다.[31]

상기 기사를 살피면 취에 대한 정의를 잘못 내린 듯하다. 즉 '향기에 취하다'라는 의미에서 '취'가 아니라 좋은 효능을 취(取)하고 있다 해서 취란 이름이 탄생되지 않았는가 하는 생각이다.

이 대목에서 취 관련 흥미로운 전설 하나 소개한다.

신라시대 말기 궁예가 철원에 도읍을 정하고자 했을 때 도선대사가 궁예에게 금학산을 진산으로 도읍을 정하라 주문한다. 그러나 궁예는 도선 대사의 조언을 무시하고 고암산을 진산으로 도읍을 정했다. 그러자 금학산은 사흘 밤낮을 울었으며, 그 후로 금학산에서 나는 취는 써서 먹지 못했다는 이야기다.

전설은 단지 전설일 뿐이다. 그러나 동 전설에 군이 취나물이 등장한 일을 살피면 취의 향을 어느 정도로 평가하고 있는지 능히 짐작할 만하다.

---

31) 출처: 한국아이닷컴 이슈팀, '봄나물 효능 관심 집중… 취나물 효능 어떻기에?', 《서울경제》, 2015.3.12.

콩(콩자반)

앞서 '오이' 챕터에서 언급했었던 조조의 아들, 조식의 작품 **「칠보시(七步詩)」** 소개한다.

콩을 삶아 국을 만들고
콩을 걸러 즙으로 만들려는데
콩깍지는 솥 아래서 타고
콩은 솥 안에서 울고 있네
본디 한 뿌리에서 났는데
어찌 급하게 서로 볶는가

煮豆持作羹(자두지작갱)
漉菽以爲汁(녹숙이위즙)
萁在釜下燃(기재부하연)
豆在釜中泣(두재부중읍)
本自同根生(본자동근생)
相煎何太急(상전하태급)

아버지 조조의 뒤를 이어 권력을 장악한 조식의 형인 조비가 조식이 너무 총명하여 죽이러 작정하고 일곱 걸음을 걸을 동안에 시를 지으라 명한다. 그러자 조식이 즉석에서 상기 시를 지어낸다. 이로 인해 조비는 부끄러움을 느끼고 조식을 살려준다.

상기 작품을 살피면 콩을 의미하는 豆(두), 菽(숙)이 등장한다. 豆는 일반적인 콩을 菽은 큰 콩 종류를 의미한다. 그런데 상기 작품에 우리 민족만이 콩의 의미로 표현하는 太(태)가 등장한다.

이 대목에서 필자는 잠시 고민을 거듭한다. 물론 그 의미를 어떻게 전달해야 하는가의 문제다. 즉, 太를 콩으로 간주하고 해석해야 하는가의 문제였다. 그러나 太는 이 땅에서만 콩의 의미로 사용되기에 그냥 太急(태급, 몹시 급하게)으로 번역하였다.

그를 감안하고 숙(菽)과 태(太)에 얽힌 이야기 간략하게 해보고 콩자반으로 넘어가자. 먼저 숙과 관련해서다. 우리는 어리석고 못난 사람을 가리켜 숙맥이라 한다. 숙맥은 한자로 菽麥으로 콩과 보리를 지칭한다.

그런데 왜 우리는 이 단어를 부정적으로 사용할까. 이는 바로 숙맥불변(菽麥不辨)의 줄임말이기 때문이다. 즉, 콩과 보리도 구분 못한다는 의미로, 그래서 어리석은 사람을 지칭할 때 숙맥이라 표현하는 게다.

다음은 태와 관련하여 서리태와 서목태에 대해 살펴보자. 태에서 이 둘을 비교하는 데에는 나름 이유가 있다. 대개의 사람들이 서리태와 서목태(鼠目太, 일명 쥐눈이 콩)를 동일종의 콩으로 알고 있기 때문이다. 그러나 서리태는 상태(霜太)로, 서리 맞은 이후에 수

확한 콩이며 서목태보다 크기도 크고 그 효용에서도 여러 차이를 보이고 있다.

콩과 관련한 이야기는 이쯤에서 접고 콩자반으로 넘어가자.

필자가 어린 시절 콩자반이라는 용어 대신 콩장이라 지칭했다. 그런데 엄밀하게 이야기해서 콩장이란 표현은 이치에 맞지 않다. 콩장은 두장(豆醬)으로 콩을 주원료로 발효시켜 만든 조미료들을 지칭하기 때문이다. 하여 콩자반이 옳은 표현이다.

그렇다면 콩자반, 즉 두자반(豆佐飯)이란 용어는 언제부터 사용했을까. 그 시작은 알 수 없으나 김창업의 작품인 「연행일기」에 豆佐飯(두좌반)이란 표현이 등장한다.

이 대목에서 자반 혹은 좌반은 밥 옆에 따른다는 의미로 밥반찬을 지칭하는데, 원래 이름은 콩자반이었는데 시간이 흘러 그 명칭이 콩장으로 변한 게 아닌가 하는 의구심을 가지게 된다.

여하튼 왜 콩을 가리켜 밭에서 나는 소고기라 지칭하는지 그 이유를 살펴본다. 이를 위해《여성조선》에 실린 내용 중 일부 인용한다.

콩은 갖가지 영양소가 골고루 들어 있는 영양식품으로 항암작용, 두뇌 발달, 노화 예방 등 긍정적인 기능을 한다. 고단백식품이며, 식이섬유가 풍부하고 이소플라본이 들어 있는 대표적인 음식이기도 하다.

콩에 들어 있는 이소플라본은 피토에스트로겐, 즉 여성호르몬 유사 식품으로 호르몬이 저하되는 중년 여성에게 호르몬 부족으로 인한 불편함을 덜어준다. 갱년기 여성들의 경우 체형에 변화가 나타나 비만이 되기 쉽고 근육이 줄어들기 쉬운데, 콩이 양질의 단백질 섭취 근원으로 추천된다.

이소플라본은 식물성 여성호르몬 성분으로 갱년기 장애, 노화, 탈모, 비만, 피부 탄력에도 효능이 있다. 게다가 칼슘, 칼륨, 마그네슘, 엽산, 비타민, 필수지방산까지 풍부해 균형 잡힌 영양을 섭취할 수 있는 매우 좋은 식품이다.[32]

---

32) 출처: 김선아, '몸에 좋은 콩, 얼마나 아시나요?', 《여성조선》, 2016.5.3.

된장

내 고향 노원에는 수락산과 불암산이 있다. 수락산(水落山)이라는 지명은 수석(水石)의 준말인 수(水), 즉 아름다운 물과 돌로 이루어진(落) 산이라는 뜻에서 유래되었다. 그에 반해 불암산(佛巖山)의 불암은 '부처 바위'라는 의미로, 지명으로는 다소 생뚱맞다.

그런데 왜 그런 산명이 붙었을까. 바로 불암산에 오래전부터 존재하고 있던 사찰 불암사(佛巖寺) 때문에 그러하다. 불암산의 원래 지명은 천보산(天寶山)이었는데 사찰 불암사가 유명한 관계로 산 이름 전에 '불암사'를 되뇌다 결국 불암이 산 이름이 된 게다.

이런 경우는 자주 발견하는데, 은행나무로 유명한 경기도 용문산 역시 그러하다. 용문산의 이름은 원래 미지산(彌智山)이었다. 그런데 그곳의 사찰인 용문사의 위세로 산 이름이 자연스럽게 용문산으로 변화된 게다.

그런데 필자가 느닷없이 왜 서두를 이렇게 잡았을까. 바로 된장의 주재료인 메주콩에 대해 언급하기 위해서다.

메주를 만드는 노란 콩의 이름은 그냥 두(豆) 혹은 대두(大豆, 큰콩)로 불리었는데 그 콩으로 메주를 만들다 보니 자연스럽게 이름이 그리 정해졌다는 사실을 밝히고자 함이다.

이 대목에서 또 다른 의문이 발생한다. 검은콩으로는 왜 메주를 만들지 않았느냐다. 그에 대한 정확한 이유는 밝혀지지 않고 있지만 필자의 추측으로는 백의민족을 표방하는 우리 민족의 저변에 깔려 있는, 흰색을 좋아하는 이유 때문에 그러한 게 아닌가 생각해본다.

사실 검은콩의 경우 생산량도 메주콩에 비해 저조하였지만 그리 애용되지 않았었다. 그저 메주콩의 보완재로만 여겨지다 현대 들어 그 효능이 밝혀지면서 각광받고 있는 현실을 감안하면 그런 해석 능히 가능하다.

이제 메주콩을 재료로 만든 된장에 대해 언급하자. 『한국민족문화대백과』를 살피면 **'된장은 메주에 소금물을 알맞게 부어 익혀서 장물을 떠내지 않고 그냥 만들기도 한다. 된장은 간장과 함께 예로부터 전해진 우리 나라의 조미식품(調味食品)으로 음식의 간을 맞추고 맛을 내는 데 기본이 되는 식품이다'**라고 설명하고 있다.

물론 된장을 만드는 과정과 조미식품이란 해석에 대해서는 이의 없다. 그러나 된장이 단순히 조미식품에 불과하느냐의 문제다. 과거 문헌들을 살피면 된장이 밥반찬으로 활용되었고 또 힘든 시기에는 '된장을 풀어 죽을 써서 먹었다'는 기록들이 심심치 않게 발견되기 때문이다.

이 대목서 흥미로운 사실 밝히고 넘어가자. 김영삼 전 대통령과 된장에 대해서다. 김 전 대통령이 우리 헌정 사상 최연소로 국회의원에 당선되고 또 대통령의 직위까지 올랐는데 그 근저에 된장이 존재한다는 사실이다.

김 전 대통령이 국회의원에 당선되던 1954년 무렵 그의 지역구인 거제에는 실향민들을 위시하여 가난에 시달리던 사람들이 부지기수였다. 그 현상을 살핀 김 전 대통령이 멸치를 팔아 된장을 구입하여 수시로 그들에게 제공하고, 27세의 나이로 국회의원에 당선된 게다.

당시 거제에 거주하던 사람들이 된장을 어떤 용도로 사용하였는지는 확언할 수 없다. 그러나 먹을 음식이 변변치 않은 마당에 된장이 조미 역할만 하지 않았을 것이라는 사실은 충분히 유추해볼 수 있다.

이제 된장의 효능에 대해 살펴보자.《중앙일보》기사로 대체한다.

> 된장의 건강상 효능은 암 예방, 항산화, 비만 억제, 염증 치료, 혈압 강하, 심혈관 질환 예방 효과 등이다. 동물실험에선 된장을 먹은 쥐의 체중 감량 효과가 고추장 먹은 쥐보다 컸다. 된장에 풍부한 아이소플라본은 혈중 콜레스테롤 수치를 낮춰 심혈관 질환 위험을 낮춰준다.[33]

---

33) 출처: 박태균, '간장·된장·고추장, 음력 2월에 담근 게 최고',《중앙일보》, 2015. 3. 8.

콩나물

콩나물은 대두(大豆)를 발아시켜 싹을 틔운 나물로 먼저 대두에 대한 작품 감상해보자. 먼저 성현의 작품 「대두(大豆)」이다.

뛰어난 품종 누구에게 얻었는가

일찍이 중국에서 전래되었네

어느 땅에나 뿌리 내려 싹 틔우고

공중 향해 돌아 넝쿨 뻗네

자색 꽃은 능소화보다 작고

푸른 줄기에 꼬투리 주렁주렁

정성스럽게 씨앗 거두어

두루두루 밭에 심어보려네

奇種從誰得(기종종수득)

曾從上國來(증종상국래)

托根隨地出(탁근수지출)

引蔓向空回(인만향공회)

紫萼凌霄短(자악능소단)

靑稭豆莢堆(청개두협퇴)

殷勤爲收子(은근위수자)

却欲遍園栽(각욕편원재)

다음은 이응희 작품이다.

대두

밭 사이에 콩 심으니

많은 잎이 가득 펼쳐졌네

이슬 맞은 꽃 붉은 옥처럼 밝고

서리 맞은 콩깍지 누런 구슬 머금었네

두보의 밥상 풍성하게 하였고

애공은 제수 도왔네

곡물 중에 많고 힘 있어

탁룡의 말 기를 수 있었네

大豆(대두)

大豆田間種(대두전간종)

離披萬葉敷(이피만엽부)

露花明紫玉(로화명자옥)

霜莢抱黃珠(상협포황주)

子美豐盤膳(자미풍반선)[34]

哀公助鼎需(애공조정수)[35]

穀中多有力(곡중다유력)

能養濯龍駒(능양탁룡구)[36]

　상기의 두 작품을 살피면 공통된 장면이 등장한다. 콩 꽃에 대해
서다. 성현에 따르면 콩 꽃은 능소화와 비슷한 자색이지만 크기는
작다 했고 이응희는 이슬 맞은 꽃이 붉은 옥처럼 밝다고 했다.

　콩 꽃, 농부의 아들로 태어나 콩 농사를 지어보았지만 콩 꽃을
상세하게 살펴본 적은 없다. 그런데 이를 계기로 콩 꽃을 찾아 자
세하게 관찰하고 선조들의 관찰력에 감복하지 않을 수 없었다.

　이제 콩나물에 접근해보자. 콩나물은 앞서 밝힌 대로 콩을 발아
시켜 싹을 틔운 나물로 국을 끓이거나 무침으로 먹고는 한다. 그
런데 조선 시대에는 무침이나 국으로 식용한 대목보다 김치로 담
그어 먹은 기록들이 자주 눈에 띈다.

　실례로 이익의 『성호전집』에 淹爲黃卷菹一盤(엄위황권저일반)이란
문구가 실려 있다. 黃卷(황권)은 大豆黃卷(대두황권)의 줄인 말로 콩
나물을 의미하는데 이를 번역하면 '콩나물로 담근 김치 한 접시를
마련하다'라는 의미다. 즉, 조선 시대에는 콩나물로 김치를 담그어

---

34)　자미: 두보를 지칭함
35)　애공: 중국 노(魯)나라 임금을 지칭함.
36)　탁룡: 고대 마굿간 이름을 지칭함.

먹었다는 사실 알 수 있다.

여하튼 술 좋아하는 사람들의 간편한 해장국으로 인기를 모으고 있는 콩나물이 지니고 있는 효능에 접근해보자. 《스포츠조선》 기사로 대체한다.

『동의보감』에 따르면, 콩나물은 오랜 풍습비(風濕痺, 팔다리가 저리고 아픈 증상)로 힘줄이 켕기고 무릎이 아픈 것을 치료하며 오장과 위 속에 몰린 적취를 없앤다. 현대과학적으로도 콩나물에 들어 있는 아스파라긴산은 숙취의 원인이 되는 아세트알데하이드를 제거해준다.

한편, 콩나물은 겨울철 감기 예방에도 도움을 준다. 인체의 면역력을 높여주는 항산화 성분인 비타민 C가 풍부하기 때문이다. 비타민 C는 피로 해소뿐 아니라 감기 예방과 빈혈에도 좋다.[37]

이에 대해 첨언하자. 아스파라긴산은 콩나물의 잔뿌리에 가장 많이 함유되어 있다고 한다. 그러니 숙취해소용으로 식용할 경우 잔뿌리를 제거하지 않는 게 이롭다 한다.

---

37) 출처: '[헬스가이드- 해장]연말 술자리 더 중요한 그 이후~', 《스포츠 조선》, 2017.12.28.

콩잎

　필자가 어린 시절에는 지금처럼 음식이 다양하지 못했다. 물론 그 양도 극히 제한되어 있어 일부 어린이는 자주 굶주림에 처하곤 했는데 그 과정에 서리가 빈번했다. 서리는 말 그대로 떼를 지어 남의 과일이나 곡식 혹은 가축 따위를 훔쳐 먹는 장난이다.

　이 장난이 요즈음에는 절도로 둔갑되었지만 필자도 어린 시절 이 장난에 자주 참여했었다. 그중에서도 콩서리에 참여했던 일은 아직도 기억에 또렷하게 남아 있다.

　당시에는 콩밭이 따로 있지 않고 논두렁이나 밭두렁에 콩을 심고는 했다. 그래서 콩서리는 다른 서리보다 쉬웠고 그런 이유로 또래 친구 여러 명과 자주 콩서리하고는 했다.

　그렇다고 아무런 계획 없이 서리하지 않았다. 우리는 본격적인 서리에 앞서 몸이 빠른 측과 굼뜬 측의 두 파트로 조를 편성했다. 몸이 빠른 아이들이 행동대원으로 두렁을 어슬렁거리다 주변에 인기척이 없으면 콩을 통째 뽑아 들고 근처에 있는 야산으로 내달린다.

　이어 굼뜬 아이들로 편성된 다른 조는 불을 피우고 기다리고 있다 콩을 받아 되는 대로 굽기 시작하고, 콩껍질이 시커메지면 콩이 익었다 판단하고 모두 둘러 앉아 허겁지겁 먹어 치운다. 그 고소한 맛에 이끌려 얼굴이 시커멓게 변하는 일도 잊어버린다.

그리고 모든 작업이 끝나면 포만감과 또 상대 어린이의 시커멓게 변한 얼굴을 살피며 파안대소하다 인근에 있는 시냇가로 달려가 대충 얼굴을 씻고는 시치미를 떼고 집으로 돌아가고는 했다.

지금도 그 시절을 회상하며 가끔 미소 짓고는 하는데, 앞서 깻잎을 이야기했을 때 밝혔듯이 아무리 기억을 짜내어 보아도 콩잎을 반찬으로 먹었던 경험은 없다. 콩만 식용하고 콩잎은 그저 가축 사료로 활용하고는 했다.

하여 여든을 넘어선 누나에게 내 기억에 대한 사실 확인에 나서자 누나 역시 콩잎을 식용했던 기억은 없다고 했다. 그러면서 한마디 첨언했다. "경상도 지방에서는 콩잎을 반찬으로 식용했어"라고 말이다. 아울러 지역마다 식습관이 다른 점에 대한 설명 역시 이어졌다.

누나의 말을 새겨듣고 콩잎을 조사하는 중에 콩잎이 곤궁한 삶을 이어가던 사람들에게 오래전부터 식용되었음을 알게 된다. 아울러 그들을 가리켜 곽식자(藿食者, 콩잎을 먹는 자라는 뜻으로 가난한 백성을 가리키는 말)라 한다.

이와 관련하여 정약용의 작품 중 한 구절 인용해본다.

예로부터 콩잎 먹는 자는 깊은 근심 적다네

古來藿食少深憂(고래곽식소심우)

상기 글은 정약용이 중국의 고사를 인용한 것인데, 중국 춘추전국시대에 진나라에 가난한 백성이 군주인 헌공(晉獻公)에게 나라 다스리는 계책을 듣기를 요청하자, 헌공이 "고기 먹는 자가 이미 다 염려하고 있는데, 콩잎 먹는 자가 정사에 참견할 것이 뭐 있느냐"라고 했다는 데서 온 말이다. 가혹하게 들리는 이 말은 가난한 백성은 정사에 관여하지 말고 그저 먹고사는 데 신경 쓰라는 의미다.

여하튼 이 대목에서 흥미로운 부분이 나타난다. 콩잎을 의미하는 藿(곽)이란 글자다. 다른 여타의 잎은 채소의 이름에 잎의 의미를 지니고 있는 엽(葉)을 사용하는데 콩잎은 콩잎을 의미하는 두엽(豆葉) 외에도 풀을 의미하는 초(艸→艹)와 빠르다는 의미를 지닌 곽(霍)을 합성한 독립된 글자를 지니고 있다는 점이다. 이는 결국 콩잎이 오래전부터 인간과 가까운 관계를 가졌음을, 즉 식용되었음을 입증하는 단서가 아닐 수 없다.

또한 허균의 『성소부부고』를 살피면 '음식은 양약(良藥)이니 몸이 파리해지는 것을 막기 위해서 먹어야 한다며'며 콩잎을 오소(五蔬, 아욱·콩잎·염교·파·부추)에 포함시켰다. 이는 콩잎이 사람에게 상당히 유용한 채소라는 의미인데 그 이유는 무엇일까. 《연합뉴스》 기사로 대체한다.

농촌진흥청은 콩 종자에는 이소플라본과 사포닌만 존재하는 데 반해 콩잎에는 '이소플라본'을 비롯 '플라보놀', '소야사포닌' 등 16종의 건강 기능성 생리 활성 물질이 함유돼 있다고 밝혔다.

이소플라본은 주로 콩과 식물에만 함유돼 있으며 유방암과 전립선암, 골다공증, 심장병 등 성인병 예방에 효과적이며 특히 이번에 콩잎에 함유된 것으로 확인된 '테로카판'은 혈액 산화작용을 억제해 성인병에서 가장 문제가 되는 동맥경화증 예방에 큰 도움을 주는 것으로 나타났다. 또 소야사포닌은 인삼 사포닌과 유사한 성분으로 항암과 항고지혈증에 효과적인 것으로 알려졌다.[38]

이런 사실 진즉에 알았다면 콩서리할 당시 콩뿐만 아니라 콩잎까지 먹어치웠을걸 하는 아쉬움 남는다.

---

38)   출처: 신영근, '농진청 "콩잎에 건강 기능 물질 16종 함유"', 《연합뉴스》, 2009.8.18.

토란

지금도 어린 시절 추석이 되면 항상 차례상에 오르던 토란국, 토란탕을 떠올리게 된다. 처음에는 먹음직스러워 젓가락을 놀려보았지만 입에 들어가면 그저 그렇고 해서 이후에는 토란국을 멀리하고는 했었다.

그런데 묘한 일이다. 세월 지나면 입맛도 바뀐다고 했듯이 나이 들어가면서 토란 맛에 이끌리게 된다. 마냥 텁텁하게만 느껴졌었던 그 맛이 고소한 맛으로 바뀌어 이제는 자주 토란국을 접하고는 한다.

그 토란이 서거정의 눈에는 어떻게 비쳤는지 그의 작품 감상해 보자.

토란

일찍이 병중에 입에 맞는 게 없는데
토란은 일찌감치 내게 은택 주었네
용연의 향기가 움직이는 듯
우유의 매끄러움 논할 만하네
먹을 때 산승과 함께 헤아리고

찾아온 손님에게 나누어 주네
누가 은근하게 너를 심겠는가
나 역시 전원 바라보리

芋(우)

病口曾無可(병구증무가)
蹲鴟早策勳(준치조책훈)
龍涎香欲動(용연향욕동)
牛乳滑堪論(우유활감론)
啖擬山僧共(담의산승공)
來從野客分(래종야객분)
殷勤誰種汝(은근수종여)
我亦望田園(아역망전원)

　蹲鴟(준치)는 토란의 별칭이다. 토란이 올빼미가 쭈그리고 앉아
있는 모습과 같다 하여 붙여진 이름이다. 또한 山僧(산승)은 중국
당(唐)나라 때 고승인 나잔 선사로 그가 토란을 구워 먹은 고사에
서 온 말이다.
　법명은 명찬 선사(明瓚禪師)인데 성격이 게을러서 남이 먹다 남긴
음식만 먹었으므로 나잔(懶殘)이라 호칭했는데, 이필(李泌)이 일찍
이 형악사에서 글을 읽을 때 나잔 선사를 몹시 기이하게 여겨 한번

은 밤중에 방문했더니, 그때 마침 나잔 선사가 화롯불을 뒤적여서 토란을 굽고 있다가 이필에게 구운 토란 반 조각을 주면서 이르기를 "여러 말 할 것 없다. 십 년 재상을 취할 것이다"라고 했다고 한다.

여하튼 토란의 한자명을 芋라 이르는데 이 글을 집필하기 전까지는 토란의 한자명을 土卵으로 알고 있었다. 물론 토란 역시 맞는 말이지만 과거에는 土卵이란 이름 대신 주로 芋라 지칭했다.

이를 이상하게 여기며 조사하는 중에 박지원의 『연암집』에서 芋에 대해 기록한 '俗所謂土卵'을 발견하게 된다. 다시 말해 토란은 세속에서 이르는 이름이라는 의미다. 또한 홍만선의 『산림경제』에는 或稱土芝。鄉名土蓮(혹칭토지. 향명토련)이라 기록되어 있다. 토지(흙에서 나는 영지)라 칭하기도 하고 시골 이름은 연을 닮았다는 뜻에서 토련(土蓮)이라고도 한다는 이야기다.

이 대목에서 다시 이응희 작품 「芋(우, 토란)」 감상해보자.

긴 채마밭에 토란 가득 심으니
가을 오자 무성하게 자라났네
자줏빛 줄기 이슬 머금고 자라며
푸른 잎은 바람 향해 펄럭이네
옥 품은 듯 구근 많이 달렸고
푸른 빛 속에 줄기 굵다네
속명으로 무립이라 부르니
늙은이 저녁밥으로 제격이네

種芋盈長圃(종우영장포)

秋來息且蕃(추래식차번)

紫莖合露苗(자경함로줄)

靑葉向風飜(청엽향풍번)

抱玉傍多子(포옥방다자)

懷蒼碩本根(회창석본근)

俗名稱毋立(속명칭무립)

端合老翁飧(단합노옹손)

　이응희에 의하면 토란이 저녁밥을 대신한다고 했다. 또한 증류
본초에서도 우(芋)를 삶아 먹으면 양식으로 대용할 수 있어 흉년을
넘길 수 있다고 기록되어 있다. 이를 감안하면 토란 역시 과거에는
구황작물로 각광받았었음을 알 수 있다. 그런데 무슨 이유로 토란
이 구황작물의 대표 식품이 되었을까. 《아시아경제》에 실려 있는
글 인용한다.

　　토란에서 주목해야 할 기능성분이 껍질을 벗겼을 때 미끈미끈
　　한 '갈락탄'과 몸의 생체시계를 움직이는 '멜라토닌'이다. 갈락
　　탄은 혈중지방을 제거하여 동맥경화나 고혈압 등 혈관계 질환
　　에 탁월한 효과가 있으며 멜라토닌은 숙면과 노화 방지, 뇌의
　　성숙, 우울증 해소 등의 기능을 하는 등, 토란을 흙속의 둥근

보약이라 일컫는 까닭이다.[39]

마지막으로 장유의 **「토란 저장법(藏芋, 장우)」** 감상해본다.

토란은 비옥한 들에 적격이고

흉년 시 곡식 대용 가능하네

내 채마밭에 토란 가장 중하니

물 길어 대는 일 매우 힘들었네

가을 되면 큰 놈은 지름이 한 치나 되고

한 구역에서 열 말 거둔다네

깊은 움에 저장하면 문드러지지 않고

땅 화로의 재는 쉽게 익게 하네

한 해 동안 지속해서 먹으리니

도인의 살림살이로 족하네

蹲鴟宜沃野(준치의옥야)

荒歲可代穀(황세가대곡)

我圃最重此(아포최중차)

頗費抱甕力(파비포옹력)

秋魁動徑尺(추괴동경척)

---

39)   출처: 노해섭, '곡성토란, 연작장해방지로 생산성 향상 기대', 《아시아경제》, 2017.2.8.

一區收一斛(일구수일곡)

深窖藏不爛(심교장불난)

地爐煨易熟(지로외이숙)

留作歲暮計(유작세모계)

道人生事足(도인생사족)

파

　문득 육체노동을 시작한 지 얼마 되지 않았던 순간들이 생각난다. 하루 일과를 마치고 귀가하면 영락없이 파김치가 되었던 상황들 말이다. 파김치가 되다, 파김치가 익으면 단단했던 파의 기다란 줄기가 축 늘어지는 이유로 그에 빗대어 '사람이 몹시 피곤하고 기운이 다하여 사지가 늘어지고 나른해지다'는 의미를 지니고 있다.

　그런데 이 표현이 언제부터 사용되었을까 하는 궁금증이 일어난다. 그런 이유로 고문서를 뒤지는 중에 흥미로운 글을 발견하게 된다. 이덕무의 작품『청장관전서』에 실려 있다.

　　　脚軟如葱菹(각연여총저)

　脚軟(각연)은 '다리가 연약하고 무력하여 서거나 걷기 곤란한 증상'을, 如(여)는 '처럼'을 그리고 이어지는 葱(총)은 '파', 菹(저)는 '김치'를 의미한다. 아울러 동 글은 '파김치처럼 다리에 힘이 쭉 빠졌네'로 해석할 수 있다.

　그런데 왜 우리 조상들은 이런 상황에 대해 하필이면 파에 비유했고 또 언제부터 파를 김치로 담그어 먹었을까. 첫 번째에 대한 해답은 이규보의 작품에서 구해본다.『동국이상국집』에 실려 있다.

만 겹 깊은 산 푸른 이내 짙으니
석벽은 푸른 파가 서 있는 듯하네

萬疊山深嵐翠重(만첩산심람취중)
恰如瓊壁立靑葱(흡여경벽립청총)

瓊壁(경벽)은 글자 그대로 번역하면 '옥으로 된 벽'이다. 이를 확대
해석하면 옥처럼 푸른빛을 띤 봉우리, 즉 푸르게 깎아지른 산봉우
리를 의미하는데 그 모습이 푸른 파(靑葱)와 같다고 했다.

즉, 우리 선조들은 파를 기세등등한 채소의 상징으로 삼았던 게
다. 그래서 나무 따위가 빽빽하게 들어서 있는 모습을 살피며 울
울총총(鬱鬱葱葱)이란 말이, 이어 '파김치가 되다'라는 표현이 생겨
난 게다. 참고로 葱(총) 역시 파를 지칭한다.

다음은 식품의 보조 재료인 파를 언제부터 김치로 담그어 먹었
느냐에 대한 의문이다. 아쉽지만 파김치는 조선 중기부터 등장하
는데 이를 감안하면 파로 김치를 담그어 먹은 시점은 상당히 늦은
듯 보인다.

그런데 왜 우리 조상들은 파를 즐겨 먹었을까. 그 해답을 이응희
의 작품 「파(葱, 총)」에서 찾아보자.

맛은 매워 장과 위 따뜻하게 하고
진액은 달아 신장 기능 도와주네

시골 늙은이 오랫동안 먹으니
미천하지만 병에 걸리지 않네

味苦溫腸胃(미고온장위)
津甘補腎陰(진감보신음)
田翁長取食(전옹장취식)
居下病難侵(거하병난침)

이응희에 의하면 파가 신장 기능을 도와준다고 했다. 신장, 즉
콩팥의 기능에 대해 살펴보자. 서울대학교병원 신체기관정보에서
인용한다.

> 첫째는 대사 산물(중간 산물) 및 노폐물을 걸러서 소변으로 배
> 출하는 배설 기능, 둘째로 체내 수분량과 전해질, 산성도 등을
> 좁은 범위 안에서 일정하게 유지하는 생체 항상성 유지 기능,
> 셋째로 혈압 유지, 빈혈 교정 및 칼슘과 인 대사에 중요한 여러
> 가지 호르몬을 생산하고 활성화시키는 내분비 기능을 한다.[40]

이를 살피면 아이러니한 상황에 직면하게 된다. 파김치로 변한
몸을 파김치로 해결해야 하는 상황 말이다. 결국 결자해지 차원에

---

40) 출처: 서울대학교병원 의학백과사전(http://www.snuh.org/health/encyclo/search.do).

서, 파김치 상태에 처하지 않기 위해서는 파를 즐겨 먹어야 한다는 결론에 도달하게 된다. 이러한 파를 서거정이 놓칠 리 없다.

그의 작품 「파(葱, 총)」이다.

사람들은 오훈 경계하는데
나는 병으로 먹지 않을 수 없네
하나하나가 황금 뿌리 같고
더부룩한 게 흰 눈 수염 같네
약으로 도움 준 공도 많고
맛있어 식탁에 입맛 돕네
누가 세 말 먹을 수 있나
염매보다 덜 필요하네

五葷人所戒(오훈인소계)

我病不能無(아병불능무)

箇箇黃金本(개개황금본)

鬆鬆白雪鬚(송송백설수)

多功扶藥餌(다공부약이)

有味助庖廚(유미조포주)

三斗誰能食(삼두수능식)

鹽梅小所須(염매소소수)

五葷(오훈)은 자극성이 강한 다섯 가지 채소를, 鹽梅(염매)는 앞서 매실에서 등장했듯 소금과 매실을 지칭한다. 내친김에 쪽파를 노래한 김창업의 작품 감상해본다.

수정총, 속명은 자총이다

수정총이라 불리는 게 있으니
파 잎사귀에 마늘 뿌리네
이 물건 입 시원하게 해주고
동시에 매운 냄새도 지니고 있네

水晶葱 俗名紫葱(수정총 속명 자총)

有號水晶葱(유호수정총)
葱葉而蒜根(총엽이산근)
此物爽人口(차물상인구)
可同葷臭論(가동훈취론)

표고

표고를 논하기 전에 버섯 종류 살펴보자. 능이, 송이, 석이, 목이, 팽이, 양송이 등 거의 모든 버섯을 '이'라 지칭한다. 귀를 의미하는 耳(이)가 귀뿐만 아니라 버섯처럼 귀 모양을 지니고 있는 물체를 지칭하기 때문으로, 버섯 역시 '이'로 지칭했다. 그런데 표고는 '이'라 하지 않고 표고(蔈菇)라 명명하고 있다. 왜 여타 버섯처럼 '이'라 하지 않고 표고란 독특한 이름 지니고 있을까.

참고로 뽕나무에서 자라는 상황(桑黃)버섯은 현대에 들어 '누런 뽕잎'을 살피며 붙인 이름으로 결국 오래전부터 우리 민족과 함께했던 버섯들은 거의 모두 '이'로 지칭된다는 사실 밝힌다.

이를 염두에 두고 표고란 이름에 접근해보자. 표고의 蔈는 능소화를 菇는 버섯을 지칭한다. 능소화는 시들 때까지 피어 있지 않고 절정의 시기에 스스로 꽃을 떨구어 명예를 상징하는 꽃으로, 蔈菇는 능소화 같은 버섯이란 의미를 지니고 있다. 그래서 과거에는 표고가 가장 귀하게 대접받았다.

실례를 들어보자. 『조선왕조실록』 문종 즉위년(1450) 10월 2일 기록이다.

우부승지 이숭지에게 명하여 두 사신에게 문안하게 하니, 윤

봉이 말하기를, "원컨대 표고를 얻어 황제에게 바치고자 합니다" 하였다.

(버섯은 나무에서 나는 것인데, 세속에서 이를 표고라 한다)

命右副承旨李崇之, 問安于兩使臣, 尹鳳曰: "願得蕈古, 以獻于帝."

(菌之生於木者, 俗謂之蕈古)

蕈古의 古는 菇의 약자로 보이는데, 윤봉은 조선 출신 명나라 환관으로 당시 명의 사신으로 조선을 방문 중이었다. 명나라 황제에게 표고를 바치고자 하는 그의 충정과는 별도로 표고가 황제의 밥상에 올라가는 귀한 음식이었음을 알 수 있다.

상기 글 마지막 부분이 흥미를 끈다. '버섯은 나무에서 나는 것인데, 세속에서 이를 표고라 한다'라는 대목이다. 이를 살피면 조선 초까지 모든 버섯을 표고라 지칭하지 않았나 하는 의문까지 일어난다.

그런데 표고가 현대에 들어 능이, 송이, 석이, 목이에 비해 덜 귀하게 취급받고 있는데 그 이유는 무엇일까. 답은 인공 재배에 있다. 표고는 인공 재배가 가능하고 또 오래전부터 인공 재배되었기 때문이다.

그를 입증하기 위해 역시 『조선왕조실록』 영조 시절 기록 간략하게 요약해본다. 영조 시절 부역을 위해 제주도에서 올라온 노비 중 한 사람이 영조에게 표고를 바치면서 아뢴 말이다.

"신 등이 멀리 떨어져 있는 바다 가운데 살면서 자주 흉년을 만났지만, 굶어 죽는 데 이르지 않았던 것은 진실로 우리 성상께서 곡식을 옮겨 구휼하신 은혜에 말미암았으니, 신 등이 비록 지식은 없으나 어찌 은혜에 감격하는 마음마저 없겠습니까?"

그에 감복한 영조는 그 노비가 바친 표고를 인원왕후(아버지 숙종의 계비)의 빈전에 바치도록 하고 이 일로 당사자인 그 노비는 그를 포함하여 아들과 손자들 모두 영원히 천인의 직을 면한다.

어하튼 표고가 영조 시절 구황작물로 이용되었듯이 오래 전부터 인공 재배가 가능하였고 그 일로 일반에게 가장 손쉽게 가까이 가게 되면서 덜 귀한 취급을 받게 된 게다. 이제 이를 염두에 두고 **'숲속의 고기'**로 지칭되는 표고의 효능에 대해 살펴보자. 『한국민족문화대백과』의 기록이다.

표고버섯에는 에리다데민이라는 물질이 있어서 이것이 핏속의 콜레스테롤 수치를 내린다고 한다. 또, 혈압을 낮추는 작용도 있기 때문에 고혈압이나 동맥경화의 예방에도 적합하다. 에리다데민은 마른 버섯을 물에 우려낼 때 녹아 나오므로 즙액은 버리지 않고 이용하는 것이 좋다. 또한, 비타민 B_1과 B_2도 풍부하다.

표고버섯의 감칠맛은 구아닐산으로 핵산계 조미료의 성분이다. 향기는 렌치오닌에 의한다. 이 밖에 표고버섯에는 비타민 D의 효과를 가지는 에르고스테롤이 많이 함유되어 있어 체내에서 자외선을 받으면 비타민 D로 변한다. 한편, 식물체에는 존재하지 않는 것으로 알려져 있던 비타민 B_{12}가 표고버섯 속에 많다는 것도 밝혀졌다.

이를 살피면 단지 가격이 저렴하다는 이유로 귀하게 대접받지 못하는 표고가 은근히 애처로워진다. 그러나 표고의 진실을 조금이라도 알고 섭취한다면 그 만족감은 배가되리라 생각한다. 아울러 표고라는 이름 자체에 버섯이 함께하므로 표고버섯이 아닌 표고로 지칭함이 옳다.

피마자

먼저 「**강원도 아리랑**」 가사 인용해본다.

   (1절)   아주까리 정자는 구경자리

               살구나무 정자로만 만나보세

   (2절)   열라는 콩팥은 왜 아니 열고

               아주까리 동백은 왜 여는가

   (3절)   아리랑 고개다 주막집을 짓고

               정든 님 오기만 기다린다

   (후렴)   아리아리 쓰리쓰리 아라리요

               아리아리 고개로 넘어간다

다음은 조선 중기 강원도 관찰사를 역임한 바 있는 성현의 작품 「**피마자**(蓖麻子)」 감상해보자.

여러 풀들 크기 작은데

피마는 어찌 크게 자라나서

뻗어나간 줄기 지붕 덮고

긴 잎은 서리 얕잡아보네

껍질 까면 나오는 벌레 같은 씨

연유에 섞으면 불빛 밝고

중풍 고치는 데 효험 있다니

병든 이 몸 덕분에 편안하리

百草多微細(백초다미세)

渠今乃許長(거금내허장)

擢莖高過屋(탁경고과옥)

張葉暗侵霜(장엽암침상)

破殼斑蟲出(파각반충출)

和酥烈焰光(지소열염광)

祛風尤有效(거풍우유효)

病骨得平康(병골득평강)

「강원도 아리랑」에 두 번이나 등장하는 아주까리가 바로 피마자다. 성현의 작품을 자세하게 살피면 왜 아주까리가 「강원도 아리랑」에 한 번도 아니고 두 번에 걸쳐 등장하는지 그 이유를 어렴풋이 알 듯하다.

풀은 풀인데 풀답지 않게 크고 줄기는 집을 뒤덮을 정도라 했다. 또한 아주까리의 씨, 즉 피마자는 밤을 밝히는 등잔불 대용으로 이용되었고 또한 중풍에 걸린 사람들에게 효험이 있다 기록하고 있다.

이 대목에서 아주까리란 이름에 대해 살펴본다. 어원 사전을 살펴면 아차질가이(阿次叱加伊)가 '아가리→아족가리→아주까리'로 변하였다고 한다. 그런데 자꾸 필자는 '아주 까리하다'에서 비롯된 게 아닌가 하는 생각 지울 수 없다.

'까리하다'는 말은 어떤 물건이나 사물 등의 특징이 유별하고 멋있어 보일 때도 쓰이지만 정확하게 판단 내릴 수 없을 때도 사용된다. 아울러 필자는 후자의 의미로, 즉 아주 헷갈리는 식물이라는 의미에서 비롯된 게 아닌가 하는 생각이다.

그도 그럴 것이 피마자의 줄기와 씨에 관해서는 피마자 기름 등 그 효능이 널리 알려져 있지만 잎에 대해서는 그다지 널리 알려진 바 없기 때문이다. 다만 피마자 잎에는 렉틴 성분이 많이 함유되어 있어 면역시스템을 정상화시켜 주므로 암을 예방하는 데 효과가 있는 것으로 알려져 있다.

여하튼 경상북도 청도 지방의 풍속 중 한 단면 살펴보자. '향토문화전자대전' 사이트에 실려 있는 글이다.

> 정월 대보름에 오곡밥을 먹을 때는 반드시 고사리, 아주까리 잎(피마자 잎), 도라지, 취나물 등의 묵은 나물을 먹어야 한다. 오곡밥을 먹을 때는 맨 먼저 피마자 잎으로 쌈을 싸서 먹는데 피마자 잎이 액막이 잎이고, 이것으로 쌈을 싸서 먹으면 산에서 꿩알을 주울 수 있다고 여겼다.

2장

해조류

김 다시마 미역과 미역줄기 파래

김

김영삼 전 대통령과 멸치에 대해서는 굳이 설명이 필요치 않을 정도로 세간에 화제로 남아 있다. 그런데 이에 못지않은 일이 있다. 작고한 지 얼마 되지 않은 김종필 전 총리와 김 이야기다.

김 전 총리 역시 명절 등에 반드시 선물을 보냈는데 그게 바로 김이었다. 그 이유가 걸작이다. '김을 많이 먹으면 머리카락이 세지 않고 검은 상태를 유지하기 때문'이라 언급하고는 했다.

그런데 단지 그 이유 때문이었을까. 이와 관련하여 선조들의 사례 살펴본다. 조선조 주자학의 대가인 송시열의 『송자대전』에 실려 있는 글 인용한다.

> 그 양가(兩家, 조목의 집과 유성룡의 집)는 오랫동안 서신도 상통하지 않았는데, 어떤 사람이 유상(柳相, 유성룡)에게 충고하기를 '두 분의 사이가 점점 좋지 못하게 되어가는데, 어째서 먼저 통문(通門)하지 않습니까?' 하자, 유상이 즉시 서신을 작성, 해의(海衣)까지 겸하여 보내니, 조목이 답하기를 '영공(令公)께서 해의를 보내시니, 해의가 도리어 해의(解疑 의심이 풀렸다는 뜻)가 되었습니다' 하였다.

이를 부연해보자. 유성룡은『징비록』의 저자로 이순신 장군의 적극 조력자다. 이에 반해 조목은 퇴계 이황의 제자로 관직에 들어서지 않고 학문 연구에만 오로지했던 인물인데 두 사람의 관계가 소원했던 모양이다.

그를 살핀 제3자가 유성룡에게 조목과 화해할 것을 권유하자 글과 함께 해의(海衣), 즉 김을 선물로 보냈다. 그러자 김을 받은 조목이 해의 때문에 해의(解疑)되었다는 한편 해학적인 표현을 사용했다.

이를 살피면 김이 화해의 수단이 되었음을 은연중 살필 수 있다. 아울러 이런 이유 때문에 김 전 총리는 자신이 보낸 김을 받은 사람들이 이러한 자신의 의지를 알아주었으면 했던 게 아닌가 생각해보고는 한다.

이제 상기 기록으로 필자가 감히 **화해의 식품**으로 명명하고 싶은 김이란 명칭의 유래에 대해 살펴보자. 혹자는 삼국시대 당시 전남 광양에서 김씨 성을 가진 사람이 왕에게 진상하였다고 하여 김이란 명칭이 유래되었다고 한다.

과연 그러할까. 조선 후기 학자 이만영이 1798년(정조22)에 엮은 유서인『재물보』를 살펴보자. 그에 따르면 '해의는 자채(紫菜)의 속명이며, 우리말로는 짐이라 한다'고 한다.

즉, 김의 원이름은 '짐'이었는데 이 명칭이 세월이 흘러 김으로 변화된 것으로 풀이할 수 있다. 이제 김이 지니고 있는 효능에 대해 살펴보자.『한국민족문화대백과』에 실려 있는 글 인용한다.

김에는 단백질과 비타민이 많이 함유되어 있어서 영양이 풍부한 식품이다. 마른 김 5매에 들어 있는 단백질은 달걀 1개분에 해당하며, 비타민 A는 김 1매에 함유되어 있는 것이 달걀 2개분과 맞먹는다. 이 밖에 비타민 B_1, B_2, B_6, B_{12} 등이 함유되어 있는데, 특히 B_2가 많이 들어 있다. 비타민 C는 채소에 비해 안정성이 뛰어난 것으로 알려져 있다.

또한, 김에는 콜레스테롤을 체외로 배설시키는 작용을 하는 성분이 들어 있어 동맥경화와 고혈압을 예방하는 효과도 있으며 상식할 경우 암도 예방된다고 한다. 우리 민속에 정월 보름에 밥을 김에 싸서 먹으면 눈이 밝아진다는 속설이 있는데, 김에 비타민 A가 많이 함유된 사실로 보아 타당성이 있다고 생각된다.

다시마

'다음 백과'에 실려 있는 다시마 관련 내용이다.

한국에서는 원래 북한의 원산 이북에서만 자라는데, 지금은
제주도를 뺀 거의 모든 바다에서 양식하고 있다. 옛날부터 사
람들이 먹어왔으나 최근 혈압을 낮추는 라미닌이라는 아미노
산이 들어 있음이 밝혀져 약용으로도 널리 쓰인다.

다시마가 원래 북한 원산 이북에서만 자란다고 했다. 과연 그럴
까. 정약용의 『경세유표』에 실려 있는 글 인용한다.

생각건대, 북도의 곤포(昆布)는 천하에 진기한 것이었다[곤포
중에 작은 것은 방언으로 다시마(多士麻)라 한다]. 우리나라는 3면
이 바다로 둘러싸여 있으나 이 물건은 오직 함흥(咸興) 바다에
서만 생산되어서 그 맛이 뛰어나게 좋고 온 나라가 다 이것을
받아먹는다.

이 대목에서 묘한 생각 일어난다. 상기 내용이 사실이라면 한국
전쟁 발발 이후 지금까지 우리가 식용하고 있는 다시마는 자연산

이 아닌 인공양식으로 생산된 것이라는 말이 성립되는데, 과연 그러할까.

이를 살피기 위해 1968년 6월 17일 《매일경제》에 실려 있는 기사 내용 인용해본다.

다시마 시험 양식에 성공

국립수산진흥원은 15일 우리나라 연해에는 없는 다시마를 일본 북해도로부터 기증받아 4개월간 인공으로 시험 양식한 결과 옆체장 160~230㎝로 성장시키는 데 성공했다.

이뿐만 아니다. 1971년 3월 31일 《동아일보》 기사에 따르면 자연산 다시마는 거의 생산되지 않고 있다고 했다. 아울러 수산청은 대대적으로 양식 사업을 개발하기로 했다는 내용을 싣고 있다.

그런데 현대 들어 자연산 다시마가 기승을 부리고 있는데 어떻게 된 사연일까. 그에 대한 논의는 접고 다시 《동아일보》 1928년 12월 23일 기사 인용해본다. 동 기사는 다시마와 미역을 **'불로장수의 약'**으로 규정짓고 그 효능에 대해 설명하고 있다.

그를 요약하면 **다시마는 정혈작용에 특화를 보이고 있고, 혈관경화를 예방하며, 모발을 검게 해주며 알칼리성으로 쌀·보리·육류·생선 등이 지니고 있는 산성을 중화시켜준다**고 기록되어 있다.

이를 염두에 두고 《문화일보》에 실린 기사 살펴본다.

다시마는 '알긴산'이라는 식이섬유와 아미노산의 일종인 '라미닌', '글루탐산', '아스파탐'을 비롯해 '칼륨' 성분도 많다. 따라서 예부터 콜레스테롤 수치를 낮추면서도 피를 맑게 하고 혈압을 내리게 하는 식품으로 꼽혔다.

변비 방지 효과도 뛰어나다. 『동의보감』에는 '다시마를 오랫동안 먹으면 살이 빠진다'는 구절이 있을 만큼 다이어트 효과도 뛰어난 것으로 알려졌다. 알긴산은 중성지방이 몸속에 흡수되는 것을 막아 비만을 예방한다. 이 때문에 '환'이나 '분말' 등 다양한 형태로 건강식품이 개발되고 있다.

다시마는 칼로리가 거의 없어 당뇨 환자에게도 좋은 식품이다. 포도당이 혈액 속에 침투하는 것을 지연시키고 당질의 소화 흡수를 도와 혈당치를 내린다.

또 다시마는 다양한 미네랄이 풍부하게 들어 있어 대표적인 알칼리성 식품으로 분류돼 있다. 신진대사를 촉진시키는 요오드 성분도 많아 갑상선 질환은 물론 방사선 오염에도 예방 효과가 있다. 아연, 유황, 철분, 칼슘, 마그네슘 성분도 많아 유해 활성산소의 흡수를 방지해 피부 및 탈모 방지에 도움이 되고 뼈까지 튼튼하게 한다.[41]

---

41) 출처: 김기현, '다시마 효능… 알긴산 풍부 비만 예방… 칼륨 많아 피 맑게', 《문화일보》, 2012.5.9.

미역과 미역줄기

미역 하면 가장 먼저 떠올리는 일이 생일이다. 생일을 맞이하면 어김없이 미역국과 흰쌀밥으로 아침 식사를 했던 때문이다. 그런데 왜 생일이면 반드시 미역국을 먹었을까.

바로 출산과 관계있다. 나를 낳아준 어머니께서 나를 낳고는 처음 접하는 음식이 미역국이었고, 그런 의미에서 현재의 나를 존재하게 해준 어머니의 고마움을 느껴보라고 미역국을 먹는 게다.

그런데 이 대목에서 또 다른 의문이 발생한다. 왜 어머니들이 아기를 낳게 되면 굳이 미역국을 먹었느냐고 말이다. 이를 이상히 여기며 조사하던 중 조선 후기 실학자 이규경의 『오주연문장전산고』의 「산부계곽변증설」에 다음과 같은 글이 실려 있음을 알게 된다.

我東傳言。海藻人泅水。爲新產鯨所噞吞。入鯨腹。見鯨之腹中。海滯葉滿付。臟腑惡血。盡化爲水。僅得出腹。始知海帶爲產後補治之物。傳於世人

이를 번역하면 **'우리 동방에 전하기를, 어떤 사람이 해안가에서 수영하다 갓 새끼를 낳은 고래에게 삼켜 고래 배 속에 들어가 고래 배 속을 보게 되었다. 고래 배 속에 미역이 가득 들어찼는데**

내장의 모든 악혈이 물로 변해 있었다. 간신히 고래 배 속에서 나와 미역이 산후조리에 좋다는 것을 알고 세상 사람들에게 알렸다'이다.

언뜻 애매하게 느껴진다. 한편의 전설을 접하는 듯하지만 이로 말미암아 미역이 산후조리에 특화식품으로 자리매김하게 되고 고려 시대에는 심지어 미역을 생산하는 부락인 藿所(곽소)가 등장한다.

앞 부분에서 콩잎을 이야기할 때 콩잎을 가리켜 藿(곽)이라 한다 했다. 그런데 미역의 원이름 역시 곽(藿) 특히 감곽(甘藿)이라 한다. 미역을 감곽이라 함은 그 맛이 달착지근하기 때문이다.

여하튼 상기 글에 我東(아동, 우리 동방)이라는 글이 등장하는데 어느 지역을 의미할까. 이를 위해 조선조 제4대 임금인 세종 시절 예조참의 이선제의 상소문을 살피면 다음과 같은 기록이 나타난다.

> 미역은 다른 나라에는 없는 것으로서 오직 우리나라에만 곳곳에 다 있사온데, 제주에서 나는 것이 더욱 많아서, 토민이 쌓아 놓고 부자가 되며, 장삿배가 왕래하면서 매매하는 것이 모두 이것이옵니다.
>
> 夫藿者, 他國之所無, 獨於東方(독어동방), 處處皆有之。濟州所産尤繁。土民之居積致富, 商船之往來販鬻, 皆用此也

결국 지난 시절 미역국은 우리 민족의 전유물이었음을 살피게 되는데 미역줄기와 관련하여 의문점이 발생한다. 어린 시절 생일이면 어김없이 미역국을 접했는데 미역줄기를 먹은 기억은 없다.

미역줄기는 그저 미역에서 분리하여 초고추장에 찍어 먹었던 기억밖에 나지 않는다. 이와 관련 지인들에게 동 상황을 설명하자 미역줄기 역시 미역과 함께 미역국에 넣어 식용했다고 강변한다.

그런데 1975년 7월 30일 《동아일보》 지면에 흥미로운 기사가 등장한다. '간편한 대용식(代用食)'이라는 제목으로 "'미역줄기볶음'은 '안 먹고 버리는 미역줄기를 소금에 절였다가…'"라는 대목이다.

각설하고, 미역에 대해 《중앙일보》에 실린 기사 인용한다.

미역은 칼로리와 혈당 지수가 낮고 지방이 적은 음식이면서, 각종 영양성분들이 골고루 함유되어 있다. 특히 수용성 식이섬유소인 알긴산 성분과 섬유질이 풍부하여 적은 양을 먹어도 쉽게 포만감을 느낄 수 있기 때문에 다이어트에 좋고, 각종 영양소를 흡수하여 혈당의 상승을 막아 비만이나 당뇨병에도 효과가 있다.

또한 미역 100g이면 하루에 필요한 권장량을 모두 채울 정도로 철분이 풍부하게 함유되어 있고, 헤모글로빈을 합성하는 데 필요한 엽산도 풍부하여 철결핍성 빈혈에 뛰어난 효능이 있다.

특히 산모들이 미역을 많이 먹으면 좋은데, 풍부한 철분의 조혈 작용으로 부족해진 혈액을 생성시키고 몸의 상처를 빠르게 회복시키는 효능이 있기 때문이다. 미역에는 칼슘, 단백질, 마

그네슘 등이 풍부하게 함유되어 있어 골다공증 예방이나 성장 기 어린이들의 성장 발육에 좋다.[42]

42) 출처: 이수미, '[건강요리 교실] 미역줄기 볶음',《중앙일보》, 2015.1.30.

파래

아내에게 파래 이름이 왜 파래인지 질문하자 곧바로 반문한다.

"색이 파래서 파래 아니야?"

은근슬쩍 거들먹거리며 입을 연다.

"옛날에 김들이 집단 서식하고 있는 곳에 김과 유사하게 생긴 해초가 슬며시 찾아들어 마치 김처럼 행세하며 휘젓고 다니기 시작했어. 그래서 그들의 횡포를 견디다 못한 김들이 바다의 신을 찾아가 하소연한 거야. '재네들 좀 처리해 달라'고. 바다의 신이 가만히 관찰해보니 서로 비슷하게 생겼지만 엄연하게 달랐거든. 그래서 파도에게 명을 내리고, 파도가 그들을 강하게 때리자 색이 파랗게 변해 김들의 서식지에서 밀려나 바닷가로 도망간 거고, 그래서 파도에 맞아 밀려왔다고 해서 파래(來)라 한 거야."

아내가 잠시 뜸을 들이다 어이없다는 표정을 지으며 입을 연다.

"그런 말이 어디 있어."

"어디 있긴. 근거가 없으면 먼저 만들어내는 사람이 임자지."

"여하튼 결국 그게 그거 아니야?"

파래는 한자로 청태(靑苔)로 파란 이끼를 의미한다. 태는 물론 이끼로 잎과 줄기의 구별이 분명하지 못하고 고목, 돌, 습한 곳에 자란다. 그런 이유로 바다에서 자라는 이끼를 해태(海苔)라 총칭한다.

그 파래가 필자의 설대로 파도에 너무 맞아서 그런지 생명력 아니, 저항력이 강하다. 그런 연유로 흔히 파래를 바다의 청소부라 칭한다. 실례로 1997년 7월 9일 《동아일보》에 실린 기사 내용 간추려 본다.

파래, 오염된 물 정화하는 바다의 청소부

제주도에 근무하는 두 명의 초등학교 교사가 2년간 연구 끝에 해조류의 하나인 파래가 양식장 등에서 나오는 오염수질을 정화하는 기능을 가진 바다의 청소부인 것으로 나타났다.

2년 동안 넙치 양식장에서 파래를 거쳐 배출수를 흘려보낸 결과 화학적 산소 요구량이 줄어들었고 부유 물질도 감소했다. 또한 부영양화를 일으키는 인과 질소 등도 수치가 크게 떨어졌다고 밝혔다. 이들 물질은 오히려 파래의 성장에 필요한 영양소로 공급돼 양식장의 파래가 바다에 있는 파래보다 빨리 자란 것으로 조사되었다.[43]

상기 글을 살피면 파래에게 딱 어울리는 사자성어가 떠오른다. 전화위복(轉禍爲福), 즉 화가 바뀌어 오히려 복이 된다는 뜻으로, 어떤 불행한 일이라도 끊임없는 노력과 강인한 의지로 힘쓰면 불행

---

43)   출처: 임재영, '파래, 오염된 물 정화 「바다의 청소부」,《동아일보》, 1997.7.8.

을 행복으로 바꾸어 놓을 수 있다는 의미이다.

그런 파래가 인간에게 유용하지 않을 수 없다. 파래는 바닷속 영양의 보고로 칼륨, 요오드, 칼슘, 식물성 섬유소 등 몸에 좋은 성분이 고루 함유되어 있어 웰빙 식품으로 각광받고 있다.

특히 무기질과 칼슘이 풍부해 골다공증과 조혈작용에도 효과가 있고, 또한 항산화 작용을 하는 폴리페놀 성분이 들어 있어 각종 세균을 없애고 치주염을 예방한다고 알려져 있다.

파래의 속성을 살피는 중에 40년을 넘게 흡연해온 필자에게는 어떤 효과를 미치지 않을까 하는 의문을 품고 조사하는 중 이외의 사실을 발견하게 된다. 파래에 함유된 비타민 A가 손상된 폐 점막을 재생하고 보호하여주기에 담배의 니코틴을 해독하고 중화하는 데 좋다고 말이다.

3장

젓갈류

꼴뚜기젓 낙지젓 멸치젓 명란젓 밴댕이젓
새우젓 어리굴젓 오징어젓 조개젓 창난젓

꼴뚜기젓

꼴뚜기 하면 자연스럽게 연상되는 말들이 있다. '어물전 망신은 꼴뚜기가 시킨다', '망둥이가 뛰니까 꼴뚜기도 뛴다' 등이다. 한편 해학적이면서도 꼴뚜기를 상당히 비하하고 있다는 느낌 주고 있다.

여하튼 이 대목에서 '망둥이가 뛰니까 꼴뚜기도 뛴다'에 대해 살펴보자. 꼴뚜기를 비하해도 너무했다는 느낌 일어난다. 꼴뚜기 입장에서 살피면 굴욕도 이런 굴욕이 없다. 이는 '숭어가 뛰니까 망둥이도 뛴다'에서 유래되었기 때문이다.

이 말은 망둥이가 자신의 주제도 파악하지 못하고 숭어를 따라하는 장면을 그리고 있다. 미끈하게 생기고 힘이 좋은 숭어가 바다에서 물 위로 높이 뛰어오르는데, 바닷가 모래밭이나 개펄에 사는 볼품없는 망둥이가 숭어의 뛰는 모습이 너무나 부러워 뛰어오르는 모습에서 생겨난 말이다.

즉, 자신의 주제는 망각하고 자신보다 잘난 사람을 무조건 따라하는 경우를 비하하는 말이다. 그런데 꼴뚜기를 숭어도 아닌 망둥이에 비유했으니 꼴뚜기로서는 굴욕도 이런 굴욕이 있을 수 없다.

왜 이리도 꼴뚜기를 비하하는지 이해하기 힘들다. 결국 누군가가 꼴뚜기를 시기하여 의도적으로 만들어 낸 말이 아닌가 하는 생각이다. 왜냐, 꼴뚜기가 생긴 모습은 아니지만 그 맛은 뛰어나기 때문이다.

어린 시절 이야기다. 어머니께서 간혹 마른 멸치나 새우를 사 오시고는 하였는데, 그런 경우 우리 형제들은 어머니께서 펼쳐놓은 멸치와 새우 사이에 섞여 있는 꼴뚜기를 서로 먼저 찾아 먹느라 전쟁을 벌이고는 했다. 정작 멸치와 새우는 거들떠보지도 않았을 정도였다.

마치 이를 입증하듯 정약전의 『자산어보』를 살피면 꼴뚜기를 가리켜 바다에서 나는 귀중한 고기라 하여 '고록어(高祿魚)'라 지칭하고 있다. 고록은 말 그대로 높은 녹봉을 의미하고 어류에 그런 이름을 주었으니 그 진가는 높이 평가되어야 할 일이다.

또한 꼴뚜기 때문에 '못생긴 게 맛있다'라는 말이 생겨난 게 아닌가 하는 생각 역시 일어난다. 맛있는 과일의 경우도 새들이나 곤충이 그대로 내버려두지 않고 쪼아 먹거나 갉아먹게 되니 생김새가 망가지지 않을 수 없고 꼴뚜기 역시 그런 이유로 비하되는 게 아닌가 하는 생각이다.

그런데 꼴뚜기가 왜 이렇게 비하되는지 아니, 왜 정약전은 고록어라 표현했는지 그 이유를 살펴본다. 《문화일보》에 실린 기사 인용해본다.

꼴뚜기는 사실 '화살오징어 과'에 속하는 연체동물이다. 일반 오징어처럼 꼴뚜기에도 지방질과 당질이 적은 반면 단백질은 풍부하다. 또 콜레스테롤 수치를 감소시켜주는 타우린도 꼴뚜기에는 풍부하게 함유돼 있다. 그래서 항간에서는 오징어나 꼴뚜기가 동맥경화증을 비롯한 성인병에 효과가 있는 것으로 알려져 있다.

그러면 오징어와 꼴뚜기를 비교한다면 어떤 연체동물이 사람에게 더 이로울까. 일단 성분 면에서는 큰 차이가 없다. 국립수산진흥원 연구 결과에 따르면 꼴뚜기와 오징어 등 오징어류에는 아미노산의 일종인 타우린(taurine), 아이코사펜타엔산(EPA), 도코헥사엔산(DHA)과 같은 고도 불포화 지방산과 핵산 셀레늄(selenium) 등 각종 성인병에 효과가 있는 생리기능성 성분들이 다량 함유돼 있다. 또 오징어류에는 지방 함량은 1.0%로 쇠고기(안심 기준) 16.2%, 돼지고기(삼겹살) 38.3%에 비하여 매우 적은 것으로 나타났다.

그러나 꼴뚜기에는 오징어가 지니지 못한 강점 한 가지가 더 있다. 바로 부드러운 육질이다. 이에 따라 오징어에 비해 더 소화가 잘되는 것으로 알려져 있다. 그래서 꼴뚜기는 소화기능이 약한 어린이와 노년층을 위한 건강식으로 종종 추천되기도 한다.[44]

---

44) 출처: 박팔령, '꼴뚜기 효능, 타우린 많아 성인병 예방 부드러운 육질 소화 잘돼', 《문화일보》, 2012.1.4.

이를 살피면 꼴뚜기가 비하되는 그 이유를 알 만하다. 아울러 '망둥이가 뛰니까 꼴뚜기도 뛴다'라는 말을 '꼴뚜기가 뛰니까 숭어도 뛴다'로 바꾸어도 좋을 듯하다.

낙지젓

본격적인 이야기에 앞서 정약용이 강진에 유배되었을 때 지은 작품 「탐진어가(耽津漁歌)」 중 한 대목 인용해본다.

어촌에선 모두 낙지국을 즐겨 먹고

漁家都喫絡蹄羹(어가도끽낙제갱)

탐진은 강진의 옛 지명으로 상기 작품에 등장하는 낙제(絡蹄)는 곧 낙지를 의미한다. 絡은 '얽혀 있다', 蹄는 '굽' 혹은 '발'을 의미하니 여러 개의 발로 얽혀 있는 동물로 해석 가능하다. 그래서 그 낙제가 우리말 낙지로 변했다고 한다.

그러나 필자는 蹄보다는 가지를 의미하는 枝(지)가 더욱 합당하고 그래서 낙지로 굳어진 게 아닌가 생각한다. 아울러 낙지는 문어를 의미하는 팔초어(八梢魚, 여덟 개의 꼬리를 가진 물고기)와 대비하여 소팔초어(小八梢魚)라고도 부른다.

이 낙지와 관련하여 흥미로운 기록이 있어 첨부해본다. 이덕무의 『청장관전서』에 실려 있다.

세상 사람들은 과거를 볼 때 낙제(落蹄)를 먹지 않는다. 그 음이 과거에 낙방한다는 의미의 낙제(落第)와 같기 때문이다.

필자와 낙지의 인연은 군에 입대하기 전으로 거슬러 올라간다. 어린 시절 중부 지방 내륙 한복판에서 태어나고 자랐던 탓으로 생선과는 거리를 두고 살았었다. 당시 기껏해야 말린 굴비 정도만 먹을 수 있었고 회는 그야말로 생소했던 단어였다.

그런데 군 입대를 앞두고 친구 두 명과 함께 무전여행하던 중 목포의 바닷가에 도착했을 때였다. 여러 아주머니들이 바다에 이어진 제방에서 무엇인가를 팔고 있는 모습이 시야에 들어왔다.

호기심에 또한 허기로 인해 발이 절로 그리로 향했고 그 아주머니들이 커다란 함지박을 가득 채운, 말로만 들었던 세발낙지를 파는 모습을 확인했다. 순간 친구들과 눈빛을 마주쳤다. 이어 아주머니들의 면면을 살피고 한 아주머니 앞에 가서 사이를 두고 쭈그리고 앉아 세심하게 낙지를 구경하기 시작했다. 물론 거세게 입맛 다시는 일을 잊지 않았다.

잠시 후 그 아주머니 입에서 기다리고 기다리던 말이 흘러나온다.

"학생들 같은데 돈이 없는 모양이지?"

기다리던 반응이지만 뒤통수를 긁적이며 느릿하게 말을 이어간다.

"군에 입대하려 휴학하고 여행을 떠났는데… 여러 날 길에서 고생하다…."

아주머니께서 가볍게 한숨을 내쉬고는 혀를 차며 가까이 다가앉으란다. 그리고는 당신의 아들도 지금 휴학하고 군에 복무하고 있다면서, 마치 자신의 아들 대하듯 선심을 베푸셨다. 물론 술까지 곁들여서 말이다.

우리가 그 아주머니 앞에 앉아 애처롭게 굴었던 이유는 바로 거기에 있었다. 그 정도 연령대라면 우리 나이 또래의 자식이 있고 또한 군에 있을 것이란 예측으로 그 아주머니에게 애처로운 시선을 주었고 그게 먹혀들었던 게다. 물론 의도적이었지만 그날 처음으로 세발낙지를 배 터지게 먹었던 기억이 새록새록하다.

갯벌에 산삼으로도 불리는 낙지는 정약전(丁若銓)의 『자산어보』에 '맛이 달콤하고 회·국·포를 만들기 좋다. 한여름에 논 갈다 지치고 마른 소에게 낙지 네댓 마리를 먹이면 기운을 차린다'라고 했다.

그런데 정말 그럴까. 《부산일보》 기사 인용한다.

> 동북아 지역 해안에만 서식하는 낙지는 타우린(854㎎/100g) 함유량이 높은 저칼로리 대표 식품이다. 콜레스테롤을 억제하며 빈혈 예방, 시력 회복, 당뇨병 예방, 피로회복에도 효과가 있다.[45]

앞서 이덕무는 과거를 앞둔 시점에는 낙지를 먹지 않는다고 했다. 그러나 현대 의학에서는 수험생들의 건강 유지에 가장 좋은 음식 중 하나로 낙지를 권장하고 있으니 이를 어떻게 받아들여야 할까.

---

45)　출처: 송현수, '국립해양생물자원관, '낙지 유전체·전사체' 세계 최초', 《부산일보》, 2018.10.26.

멸치젓

먼저 『한국민족문화대백과』의 '멸치' 편에 실린 글 중 일부 인용해본다.

조선 시대 후기에는 대량으로 어획되고 있었음이 문헌 자료를 통하여 확인된다. 그러나 조선 전기나 그 이전에도 많이 잡히고 있었다는 것을 입증할 만한 자료는 발견되지 않는다.

이를 염두에 두고 성현의 작품 감상해보자. 그의 문집인 『허백당 시집』에 실려 있다.

멸치

아스라이 끝없이 푸른 바다는
수많은 물고기들이 머무는 곳인데
약육강식에 따라 서로 먹고 먹히면서
차례로 구박하고 서로 끌어당기는데
그중 미어는 더욱 세쇄하여
삼처럼 어지럽게 수면 뒤덮고

어지럽게 수면 가려 물 시커멓게 하니
갈매기는 물결 차며 은 꽃 흔들어대네
때로 바람에 밀려 언덕으로 솟구쳐 나와
산처럼 어지럽게 쌓여 갯벌 메우네
어부들은 배 타고 일제히 뱃전 두드리면서
서로 다투어 그물 쳐서 잡아 올리는데
해마다 이것을 마른 포로 만들어
항아리에 가득 채워 여러 집에 배포하니
해변 사람들은 저마다 비린 맛에 배불러
설령 흉년 만나도 탄식하지 않는다네
내가 바닷가에 이르러 친히 보았으니
산에 사는 사람들에게 자랑할 만하네

彌魚(미어)

茫茫滄海窮無涯(망망창해궁무애)
百萬魚龍之所家(백만어룡지소가)
弱肉强食互呑噬(약육강식호탄서)
次第驅迫相牽拏(차제구박상견나)
其中彌魚尤細鎖(기중미어우세쇄)
蔽擁水面紛如痲(폐옹수면분여마)
紛紛蔽水水爲黑(분분폐수수위흑)

白鷗蹴浪搖銀花(백구축랑요은화)

有時風捲湧出岸(유시풍권용출안)

亂如山積塡泥沙(난여산적전이사)

漁人乘舟齊擊揖(어인승주제격즙)

爭持網罟來相遮(쟁지망고래상차)

年年取此作枯臘(년년취차작고석)

充物甔石排千家(충인담석배천가)

海濱人人飽腥味(해빈인인포성미)

縱値飢歲無咨嗟(종치기세무자차)

我行到海親自覩(아행도해친자도)

此事堪向山人誇(차사감향산인과)

　상기 작품은 1493년 경상도관찰사로 부임했던 성현이 바닷가에
이르러 목격한 장면을 풀어낸 시로 제목에 등장하는 彌魚(미어)가
멸치를 지칭한다. 彌는 '미륵'을 의미하기도 하지만 '두루', '널리'의
의미로도 활용되는데, 이 나라 해안 곳곳에 널리 퍼져 있는 물고
기라 미어라 칭한 듯 보인다.

　또한 이어지는 작품 내용을 살피면 단번에 멸치에 관한 이야기라
는 감이 들어온다. 즉, 멸치는 그 명칭에 혼선이 있었을 뿐이지 오
래전부터 이 땅에서 대량 어획되고 있었음을 보여주는 작품이다.

　그 멸치가 조선 후반부에 이르면 또 다른 이름인 며어(旀魚)로 등
장한다. 일설에 의하면 멸치는 성질이 급하여 잡히자마자 죽는다

하여 멸어(滅魚) 또는 멸치(蔑致)로도 불리었다고 한다.

이 대목에서 물고기의 이름과 관련한 기본 상식에 접근해보자. 대개의 물고기 이름이 '치' 혹은 '어'로 끝을 맺는데, 물론 예외적으로 '미' 혹은 '기' 등으로 끝맺는 경우도 있는바, 그 근거가 무엇인가에 대해서다.

통설에 의하면 물고기에게 비늘이 있고 없음에 따라 그리 정해진다고 한다. '치'로 끝나는 물고기는 비늘이 없고 '어'로 끝나는 물고기에는 비늘이 있기 때문이라고 말이다.

여하튼 칼슘의 제왕으로 불리는 멸치에 함유되어 있는 주성분을 살펴보자. 한국농어촌방송에 실린 기사 인용한다.

> 뼈째 먹는 생선인 멸치는 잔뼈를 포함하여 몸 전체를 먹기 때문에 한 개체가 가진 영양분을 빠짐없이 섭취할 수 있어 '신이 내린 완전식품'이라고도 불린다. 멸치에는 칼슘, 인, 철분 등의 무기질이 풍부하며, 어패류 중 칼슘이 가장 많아 골다공증 환자나 임산부, 성장기 어린이, 노약자에게 더욱 유익하다
> 또한 수산물 중에서 단백질의 합성, 성장 촉진, 에너지 생산 등을 조절해주는 성분인 '핵산'도 가장 많이 함유하고 있어 신진대사를 활발하게 하며 치매나 빈혈 등을 예방하는 데도 도움이 된다.[46]

---

46) 출처: 김수인, '해수부, '신이 내린 완전식품 멸치'', 한국농어촌방송, 2018.4.2.

명란젓

명란젓은 명태의 알, 즉 명란(明卵)을 재료로 만들어진 젓갈인바, 먼저 명태에 대해 살펴보자. 이를 위해 이유원의 『임하필기』에 실려 있는 「**명태(明太)**」 인용해본다.

> 함경도 명천(明川)에 사는 어부(漁父) 중에 태씨(太氏) 성을 가진 자가 있었다. 어느 날 낚시로 물고기 한 마리를 낚아 고을 관청의 주방 일을 보는 아전으로 하여금 도백(道伯)에게 드리게 하였는데, 도백이 이를 매우 맛있게 여겨 물고기의 이름을 물었으나 아무도 알지 못하고 단지 "태 어부(太漁父)가 잡은 것이다"라고만 대답하였다.
>
> 이에 도백이 말하기를, "명천의 태씨가 잡았으니, 명태라고 이름을 붙이면 좋겠다"라고 하였다. 이로부터 이 물고기가 해마다 수천 석씩 잡혀 팔도에 두루 퍼지게 되었는데, 북어(北魚)라고 불렸다.
>
> 노봉(老峯) 민정중(閔鼎重)이 말하기를, "300년 뒤에는 이 고기가 지금보다 귀해질 것이다" 하였는데, 이제 그 말이 들어맞은 셈이다. 내가 원산(元山)을 지나다가 이 물고기가 쌓여 있는 것을 보았는데, 마치 오강(五江, 지금의 한강 일대)에 쌓인 땔나무처럼 많아서 그 수효를 헤아릴 수 없었다.

상기 기록에 등장하는 노봉(老峯) 민정중(閔鼎重, 1628~1692)은 숙종이 보위에 있을 당시 우의정과 좌의정을 역임했던 인물이다. 이를 살피면 명태란 이름의 시작은 아마도 그 무렵 아닐까 생각한다.

바로 피휘의 문제 때문이다. 피휘(避諱)란 고려 말부터 조선조까지 유행했던 일로 중국의 연호나 황제의 이름에 들어간 글자를 피하기 위해 글자가 같을 경우 뜻이 통하는 다른 글자로 대치하는 것을 의미한다.

그런데 명태는 명나라 태조를 지칭하는 명태조(明太祖)에서 한 글자도 아닌 두 글자가 중첩된다. 이를 감안하면 어느 한편으로 누군가가 청나라에 멸망한 명나라를 의도적으로 능멸하기 위해 흔하디 흔한 생선 이름을 고의로 '명태'라 지은 것은 아닌가 의심해본다.

이를 감안하고 명란젓에 접근해보자. 명란이란 용어는 이규경의 「북어변증설(北魚辨證說, 북어를 변론하여 증명하는 글)」에 등장한다. 그중 일부다.

> 그 이름은 북어인데 민간에서는 명태라 칭한다. 봄에 잡히는 북어는 춘태라 일컫고, 겨울에 잡히는 북어는 동태라 지칭한다. 동짓달에 시장에 등장하는 북어는 동명태라 부른다. 알로 만든 젓갈은 명란이라 일컫는다.
>
> 其名曰北魚。俗其稱則明太。春漁曰春太。冬捉曰冬太。以至月登諸市曰凍明太。卵醢曰明卵

이를 살피면 명란은 조선 후기 들어 일반에 널리 알려지지 않았는가 하는 생각해본다.

여하튼 애주가에게는 기막힌 술안주로 일반에게는 밥도둑이라 평가받는 명란젓에는 티아민 성분이 함유되어 있는 것으로 알려져 있다. 티아민은 신체 에너지를 활성화하여 피로회복을 도와준다고 한다.

또한 명란젓에는 비타민 B₁, 비타민 B₂, 비타민 E가 많이 들어 있으며 뇌와 신경에 필요한 에너지를 공급하는 작용을 하며 각종 암을 예방하며 염증을 치료하는 데 효과적이라 한다.

이와 관련하여 애주가들에게 흥밋거리를, 즉 필자가 명란을 어떻게 섭취하는지 공개하겠다. 필자는 하루를 마감하며 항상 막걸리 두 병을 마신다. 물론 술기운을 빌어 글을 쓰기 위해서가 아니라 글쓰기에서 해방되어 잠을 자기 위해서다.

그 안주로 자주 등장하는 식품이 명란과 돼지 불고기인데, 이 두 가지를 함께 깻잎에 싸서 먹는다. 그런 경우 명란의 쌉싸름한 맛과 돼지 불고기가 어우러져 환상의 맛을 풍겨낸다. 또한 다음 날 새벽 책상에 앉는 그 순간에 전혀 숙취를 느끼지 않게 한다. 그런 고로 다음 글을 이어간다.

밴댕이젓

밴댕이 하면 생선인 밴댕이보다 먼저 '밴댕이 소갈딱지'라는 말이 떠오른다. 소갈딱지는 소갈머리와 같은 말로 마음이나 속생각을 낮잡아 부르는 표현이다. 아울러 밴댕이 소갈딱지는 아주 속이 좁은 사람을 두고 밴댕이라고 하는데, 이보다 더 좁아서 밴댕이속의 아주 작은 부스러기 같은 마음 씀씀이를 뜻한다.

이러한 부정적 사고 때문인지 필자 역시 밴댕이를 그저 젓갈용으로만 이용하지 않겠나 생각하고 지냈는데 소설가로 변신한 직후 가족들과 강화도를 방문하여 구수하기 이를 데 없는 밴댕이 회와 구이를 즐기고는 밴댕이에 대한 인식을 새롭게 하기 시작했다.

이 대목에서 이응희 작품 감상해보자.

밴댕이

절기가 단오절에 가까워지면
어선이 바닷가에 가득하네
밴댕이가 어시장 메우니
은색 눈 촌락에 깔리네
상추 싸먹으면 맛 기막히고

보리밥에 먹어도 맛 좋네

시골 집에 이 물건 없으면

생선 맛 알 사람 적으리

蘇魚(소어)

月近端陽節(월근단양절)

漁船滿海湄(어선만해미)

蘇魚塡市口(소어전시구)

銀雪布村岐(은설포촌기)

味絶包苴食(미절포거식)

甘多麥飯時(감다맥반시)

田家無此物(전가무차물)

鮮味少能知(선미소능지)

상기 제목에 등장하는 蘇魚(소어)를 밴댕이라 부르는데 그 이유가 무엇일까. 조선조 실학자인 박지원의 『열하일기』에서 그 실마리 찾아본다.

사신을 따라 중국에 들어가는 이는 반드시 칭호 하나씩을 가지는 법이다. 그리하여 역관을 종사(從事)라 하고, 군관을 비장(裨將)이라 하며, 놀 양으로 가는 나와 같은 이는 반당(伴當)이라 부른다. 우리나라 말에 소어(蘇魚)를 반당(盤當)이라 하니 대개 반(盤)과 반(伴)의 음이 같은 까닭이다.

이를 살피면 반당(盤當)이 시간이 흘러 밴댕이로 자리매김하지 않았나 추측할 수 있다. 그런데 박지원의 글을 빌면 박지원도 필자처럼 밴댕이를 긍정적으로 여기지 않은 듯 보인다. 그저 밴댕이를 하찮은 생선 정도로 여긴 듯하다.

이에 대한 반전을 위해 『승정원일기』 인조 15년(1637) 1월 21일 기록 살펴본다.

> 동부승지인 이경중이 "밴댕이(蘇魚)가 남아 있는 것이 있는데, 그 수효가 많지 않아서 한 마리씩밖에는 나누어 줄 수 없습니다. 우선 나누어 주게 하는 것이 어떻겠습니까?"
> 하니, 상이 이르기를,
> "우선 보류하였다가 요미(料米)를 줄여야 할 때에 주도록 하라. 온빈(溫嬪) 및 왕자(王子)와 왕손(王孫)이 모두 반찬이 없다고 괴로워하니, 또한 나누어 보내도록 하라."

상기 글에 등장하는 온빈은 온빈 한씨(溫嬪韓氏, 1581~1664)로 조선 제14대 임금인 선조의 후궁이다. 내용을 살피면 밴댕이를 상당히 귀히 여긴 듯하다. 또한 이익도 경기도 안산(安山)에 소어소(蘇魚所)가 존재했다고 증언하고 있다.

소어소는 밴댕이를 잡아 대궐에 진상하는 일을 담당한 기관이다. 결국 이를 살피면 밴댕이가 그렇고 그런 생선이 아니었음을 알게 된다. 왜 그런지《문화일보》에 실린 기사 인용한다.

> 밴댕이에는 철분과 칼슘 성분이 많아 성인병 예방에 좋다. 또 콜라겐이 풍부해 피부를 탄력 있게 만들어 준다. 특히 밴댕이에는 불포화지방산의 일종인 오메가3지방산이 많이 함유돼 있어 노년층의 심장병과 뇌졸중 예방에 효과가 있는 것으로 전해지고 있다.
>
> 그러나 강화 현지에서 밴댕이는 정력 증진에 도움을 주는 생선으로 더 널리 알려져 있다. 실제로 강화도 주민들 사이에서는 '밴댕이 먹고 외박하지 말라'는 이야기가 나돌기도 했다. 또 밴댕이로 담근 젓갈은 식욕을 잃은 사람의 입맛을 돋워 준다고 해 현지에선 '밥도둑'으로도 불렸다.[47]

그렇다면 언제부터 밴댕이를 젓갈로 만들었을까. 그 시작은 알 수 없으나 이순신 장군의 『난중일기(亂中日記)』를 살피면 '鮑魚及蘇魚醢卵片(포어급소어해란편)'이란 글이 등장한다. 이 글에 등장하는 蘇魚醢(소어해)가 밴댕이젓으로 이순신 장군은 어머니께 전복과 밴댕이젓 그리고 어란을 보냈다고 한다.

---

47)　출처: '철분·칼슘 풍부… 골다공증 예방',《문화일보》, 2011.6.8.

새우젓

이응희의 작품 「새우(蝦, 하)」다.

몸은 여위고 수염 긴 물건이

넓은 바다에 두루 널려 있네

큰 놈은 골짝 깊이 숨어 있고

어린 무리는 그물에 걸려드네

껍질 벗으면 붉은 옥 색깔이고

창자 꺼내면 붉은 조 향기네

안주로 맛 좋은 반찬 많지만

참된 맛은 유독 향기롭네

體瘦長鬚物(체수장발물)

彌曼擁大洋(미만옹대양)

巨殼藏深壑(거각장심학)

稚群入細網(치군입세망)

皮脫丹瑃色(피탈단제색)

腸披紫粟香(장피자속향)

盤肴多勝膳(반효다승선)

眞味獨新芳(진미독신방)

어패류 중에서 새우만큼 우리네 삶과 밀접한 종이 있을까 할 정도로 새우는 우리네 실생활에 자주 등장한다.

불편한 잠자리를 의미하는 '새우잠'이니, 실처럼 가는 눈을 의미하는 '새우눈'이니 하는 말들을 포함하여 '새우 벼락 맞던 이야기 한다',[48] '고래 싸움에 새우 등 터진다'는 등 여러 속담에 그 존재를 드러내고 있다.

이 중에서 우리가 가장 빈번하게 사용하는 '고래 싸움에 새우 등 터진다'에 대해 고찰해보자. 이 말은 강한 자들끼리 싸우는 중에 아무 상관도 없는 약한 자가 중간에 끼어 피해를 입게 됨을 비유적으로 이르는 말이다.

그런데 우리 속담에 정말 이런 말이 있었을까. 시간을 조선조로 거슬러 올라가보자. 조선조 제14대 임금인 선조가 신하들의 청에 답변하면서 인용한 구절이다. '諺曰鯨鬪蝦死(언왈경투하사)'로 '속담에 이르기를 고래 싸움에 새우가 죽는다'라는 의미다.

이뿐만 아니다. 선조 재위 시 발생한 정유재란 때 왜군에 의해 포로로 붙잡혀 갔다가 되돌아온 인물인 정희득(鄭希得)이 그의 작품 『해상록(海上錄)』에 鯨戰休言蝦亦死(경전휴언하역사, 고래 싸움에 새우가 죽는다고 말하지 말라)라는 기록을 남긴다.

이를 살피면 원래는 '고래 싸움에 새우가 죽는다'인데 누군가가 '죽는다'를 '등이 터진다'로 바꾼 듯하다. 이를 감안하면 동 속담의

---

48)　잊어버린 지난 일들을 들추어 쓸데없는 이야기를 한다는 뜻이다.

근원이 무엇인지 알 수 있겠다.

여하튼 절대 강자인 고래가 싸우는 과정에 역시 절대 약자인 새우가 죽는다는 의미인데 정말 그렇기만 할까. 야담을 집대성한『어우야담』으로 유명한 유몽인의 작품 **「여관진의 고기(女觀津魚, 여관진어)」** 내용 중 일부 인용해본다.

풍파가 가까이서 달라지니
새우가 고래를 비웃네

風波違咫尺(풍파위지척)
蝦蛭笑鯨鯢(하질소경예)

유몽인에 의하면 바람과 파도에 의해 고래와 새우의 상황이 달라진단다. 즉, 새우가 마냥 고래에게 당하기만 하지는 않는 듯 보인다. 그래서 역으로 '새우 싸움에 고래 등 터진다'라는 말이 등장하였는지도 모르겠다.

그런데 이상하게도 새우가 등장하는 단어 혹은 속담은 항상 부정적으로 비친다. 왜 그럴까. 그 답을 중국 명나라의 학자인 진백사(陳白沙)의 **「대두하(大頭蝦)⁴⁹⁾의 설(說)」**에서 찾아보자.

---

49) 머리만 큰 새우.

새우는 수염이 뻗었고 눈이 튀어나오고 머리가 몸뚱이보다 크고 수백 개의 꼬리를 모아 있으면서도 한 번 먹는 것을 제대로 얻지 못하며, 그 바깥은 풍부하면서도 속이 텅 비어 있는 것이 마치 진실을 힘쓰지 않는 사람과 같다.

진백사는 상기의 글처럼 새우에 대해 혹평했는데 정말 그럴까. '음식백과'[50)]에 실린 글 중 일부 인용해본다.

『본초강목』에서는 새우가 양기를 왕성하게 하는 식품으로 일급에 속한다고 하였다. 신장을 좋게 하는데, 혈액 순환이 잘 되어 기력이 충실해지므로 양기를 돋워 준다는 것이다. 그래서 총각은 새우를 먹지 말라는 말까지 생겼다고 한다.

상기 내용을 살피면 진백사가 새우에 대해 혹평한 그 이유를 어렴풋이 알 것 같다. 그 좋은 새우를 남들과 나누어 먹고 싶지 않아 그리했다고 말이다. 또한 진백사는 지구 최대의 포유동물인 고래와 당당하게 겨루는 새우의 기세를 실기한 듯 보인다.

---

50) 출처: 네이버 지식백과.

어리굴젓

이익의 작품 「석화(石花)」 감상해보자.

정 없는 돌에서 정 있는 꽃 피어나니

무성한 색이 피지 않은 꽃잎과 똑같네

푸른 바다는 뿌리 되어 잘 자라라 재촉하고

푸른 봄은 자취 없이 성한 꽃 피우네

소반에 오름에 제철에 결실할 필요 없고

입에 들어가면 입맛 몹시 돋우어 준다네

순무에 잘게 섞어 나물로 범벅이고

술안주로 먹으면 비위 왕성하게 하네

無情物發有情花(무정물발유정화)

色苞眞同未綻葩(색포진동미탄파)

蒼海爲根催長養(창해위근최장양)

靑春無跡尙繁華(청춘무적상번화)

登槃不必時成實(등반불필시성실)

入口偏能助味奢(입구편능조미사)

細和蕪菁作淹荣(세화무청작엄채)

呼來伴酒旺脾家(호래반주왕비가)

상기 작품에 등장하는 석화는 굴을 의미한다. 말 그대로 바위에 핀 꽃이 굴이다. 세간에서는 이 굴을 재료로 '어리굴젓'을 출시하고 있는데 왜 어리굴인지 그 이유부터 헤아려보도록 하자.

일설에 의하면 고춧가루로 양념해서, 즉 매워서 입이 얼얼하기에 어리라는 단어가 들어갔다고 하고 또 돌이나 너럭바위에 붙어 사는 어리고 작은 자연산 굴을 '어리굴'이라 지칭한다고 한다.

그러나 '어리' 하면 필자에게 가장 먼저 떠오르는 인물이 있다. 바로 세종대왕의 큰 형, 즉 태종 이방원의 큰아들로 폐세자에 처한 양녕대군이다. 양녕이 세자에서 폐하게 된 원인이 바로 어리라는 여인 때문이었다.

양녕대군은 세자 시절 그녀의 출중한 미모에 빠져 태종의 명까지 거부하며 아기까지 낳는다. 이에 이르자 태종은 양녕을 세자에서 폐한다. 이를 감안하면 어리는 양녕이 임금의 직을 사양하게 할 정도의 미모를 지녔다고 유추해볼 수 있다.

그런데 공교롭게도 '어리'라는 말에는 '황홀하거나 현란한 빛으로 눈이 부시거나 어른어른하다'라는 의미도 있다. 하여 필자는 어리굴을 어리의 굴, 즉 탐스럽고 황홀한 굴로 정의 내리면 어떨까 생각해본다.

각설하고, 사실 굴은 군이 언급하지 않아도 될 정도로 남녀노소로부터 지속적인 사랑을 받아왔다. 그럼에도 불구하고 《부산일보》에 실린 글 인용해본다.

굴은 '사랑의 묘약'으로 불린다. '굴을 먹어라, 그러면 보다 오래 사랑하리라'라는 서양 속담도 있다. 실제로 세계적인 유명 인사들도 한결같이 굴을 즐겨 먹었다.

고대 로마제국의 황제 위테리아스는 굴을 한꺼번에 1,000개씩 먹을 만큼 좋아했다고 한다. 비스마르크, 나폴레옹을 비롯해 소설가 알렉산더 뒤마, 희대의 바람둥이 카사노바도 굴 마니아였다. 여성도 예외가 아니다. 절세미인 클레오파트라가 탄력 있는 아름다움을 유지하기 위해 식탁에서 빼놓지 않았던 게 바로 굴이다.

굴의 영약학적 우수성이야 두말하면 잔소리. '바다의 우유'라 칭할 만큼 여러 영양소를 이상적으로 갖춘 영양덩어리다. 인체 내의 에너지원인 글리코겐은 물론 아연을 많이 함유한 굴은 남성을 남성답게 하는 호르몬인 테스토르테론의 분비를 촉진시킨다.

피부 미용 측면도 못지 않다. 굴에는 비타민과 무기질 성분이 함유돼 있어, 피부를 탄력 있고 깨끗하게 만들어 준다. 또 굴에 풍부한 아연은 피부 조직을 재생시키고 면역력을 강화해 피부가 균에 감염되는 것을 예방해 여드름 개선 효과도 볼 수 있다.[51]

---

51) 출처: 김민진, '탱글탱글 씹히는 '바다의 최고 영양'', 《부산일보》, 2017.1.18.

오징어젓

　결혼한 지 얼마 지나지 않은 시점의 일이다. 당시 중앙당 사무처 조직 파트에 근무하면서 강원도를 담당하고 있었는데 강릉을 기반으로 하는 정치인이 내 결혼을 축하하는 의미에서 한 겨울에 아내와 나를 초청했다.

　하여 주말을 맞이하여 강릉을 방문하여 토요일 저녁에 각종 회를 안주로 거나하게 술을 마시고 잠자리에 들었다. 그리고 그다음 날 아침 일찍 채 잠이 가시지 않은 상태인데 그 사람이 숙소로 찾아왔다.

　그 사람은 전날 마신 술의 숙취 해소라는 구실로 나와 아내를 이끌고 해장국집이 아닌 자신의 단골집이라는 아담한 횟집으로 향했고, 그곳에 도착하자마자 주인이 갓 잡은 오징어를 잘게 썰어 들고 왔다.

　의아한 시선으로 그 사람을 주시하자 숙취 해소에 오징어 회만큼 좋은 게 없다는 이야기를 덧붙였다. 역시 의아한 생각으로 잘게 썰어놓은 오징어 회를 먹기 시작한 지 얼마 지나지 않아 그 사람의 이야기, 숙취 해소에 그만이라는 이야기를 실감하게 되었다.

　쫄깃쫄깃한 식감은 물론이고 망치로 얻어맞은 듯한 머릿속이 그야말로 환하게 맑아지기 시작했다. 결국 그 상태에 이르자 한잔 하지 않을 수 없어 해장으로 소주 두 병을 마셨던 기억이 새롭다.

오징어, 정약전의 『자산어보』에 따르면 까마귀가 물 위에 떠 있는 오징어를 보고 죽은 고기인 줄 알고 물 위에 내려 앉아 쪼아대면 긴 다리로 까마귀를 감아 안고 물속으로 들어가 잡아먹었다고 해서, '까마귀를 잡아먹는 도적', 즉 오적어(烏賊魚)라 하였다고 한다.

이 오적어가 물고기를 뜻하는 '즉(鯽)' 자를 사용하여 오즉어(烏鯽魚)로 불리기도 하다 결국 오징어로 정착된다. 그러나 안타깝게도 오징어는 한자로 표기되어 있지 않다.

그래서 필자는 지난 시절의 경험을 되새기며 오징어를 혼탁하다, 더럽다의 의미를 지닌 '오(汚)' 자와 그를 징계한다는 의미를 지닌 '징(懲)' 자를 사용하여 오징어를 汚懲魚로, 즉 몸에 남아 있는 노폐물을 제거한다는 의미에서 그리 부르고는 한다.

여하튼 숙취해소에 탁월한 효능을 지닌 오징어 하면 곧바로 타우린이 떠오른다. 타우린은 아미노산의 일종으로 쓸개즙 분비를 촉진해 간의 해독력을 강화하고 피로회복을 돕는 역할을 한다. 그래서 거의 모든 에너지 강화 드링크에 타우린이 들어가는 게다. 또한 오징어는 노화 지연과 성인병 예방 등 여러 효능을 지니고 있는 서민들의 식품이다.

오징어와 관련하여 오징어 먹물에 대해 살펴보자. 오징어 전문 요리점에 가면 각종 음식들의 육수에 오징어 먹물을 넣는 장면을 목격하는데 그 이유가 무엇일까. 과학향기[52]에 실려 있는 글 요약 해본다.

검은색 오징어 먹물에 들어있는 멜라닌(melanin) 색소는 대표적인 동물성 천연색소로서 항암, 항균 효과가 뛰어난 것으로 밝혀졌다. 이 먹물이 위액 분비 촉진과 치질 등에도 효과가 있다고 한다. 또 종양 활성을 막는 일렉신 성분도 있는 것으로 알려졌다.

이제 정약전의 동생인 정약용의 **「오징어 노래(烏鰂魚行, 오적어행)」** 감상해보자.

오징어가 물가를 지나다
문득 백로의 자태를 마주했는데
하얗기로는 한 조각 눈이고
빛나기로는 잔잔한 물과 같네
머리 들어 백로에 이르기를
네 뜻 나는 모르겠네
기왕 고기 잡아 먹으려면
무슨 이유로 청결한 척하나

---

52) 출처: 과학향기 편집부, '[KISTI 과학향기] 오징어 먹물이 노란색이었다면-천연색소의 비밀'

내 배에는 항상 먹물 한 주머니 있어

한 번 토해내면 주변 모두 검기에

고기들 눈 흐려져 지적 분간 못하고

꼬리 흔들며 가려 해도 남북 구분 못하지

내가 입 벌리고 삼켜도 고기들은 알지 못해

내 배 항상 부르고 고기는 늘 속는다네

네 깃 너무 깨끗하고 털도 너무 기이하여

위아래 모두 흰옷인데 누가 의심 안 하나

가는 곳마다 옥 같은 얼굴 물에 먼저 비추니

고기 모두 먼 곳서 바라보고 피해가니

자네 종일 서서 무엇을 기대하겠느냐

네 다리만 시근거리고 속 항상 주리지

까마귀 찾아가 그 깃 빌어 입고

본색 감추고 편리하게 살아가게

그러면 산더미만큼 고기 잡아

암컷과 새끼들 먹일 수 있겠네

백로가 오징어에게 이르기를

네 말 역시 일리 있지만

하늘이 이미 결백함 주었고

내 스스로 보아도 더러움 없는데

어찌 조그마한 밥통 하나 채우자고

얼굴과 모양 그렇게 바꾸겠나

고기 오면 먹고 가면 쫓지 않지

곳곳이 서서 천명에 따를 뿐이네

오징어가 먹물을 뿜고 또 화를 내며

멍청하다 너 백로 마땅히 굶어 죽으리

烏鰂水邊行(오적수변행)

忽逢白鷺影(홀봉백로영)

皎然一片雪(교연일편설)

炯與水同靜(형여수동정)

擧頭謂白鷺(거두위백로)

子志吾不省(자지오불성)

旣欲得魚噉(기욕득어담)

云何淸節秉(운하청절병)

我腹常貯一囊墨(아복상저일낭묵)

一吐能令數丈黑(일토능령수장흑)

魚目昏昏咫尺迷(어목혼혼지척미)

掉尾欲往忘南北(도미욕왕망남북)

我開口吞魚不覺(아개구탄어불각)

我腹常飽魚常惑(아복상포어상혹)

子羽太潔毛太奇(자익태결모태기)

縞衣素裳誰不疑(호의소상수불의)

行處玉貌先照水(행처옥모선조수)

魚皆遠望謹避之(어개원망근피지)

子終日立將何待(자종일립장하대)

子脛但酸腸常飢(자경단산장상기)

子見烏鬼乞其羽(자견오귀걸기익)

和光合汗從便宜(화광합오종편의)

然後得魚如陵阜(연후득어여릉부)

啗子之雌與子兒(담자지자여자아)

白鷺謂烏鰂(백로위오적)

汝言亦有理(여언역유리)

天旣賦予以潔白(천기부여사결백)

予亦自視無塵滓(여역자시무진재)

豈爲充玆一寸嗉(기위충자일촌소)

變易形貌乃如是(변역형모내여시)

魚來則食去不追(어래즉식거불추)

我惟直立天命俟(아유직립천명의)

烏鰂合墨嘆且嗔(오적함묵손차진)

愚哉汝鷺當餓死(우재여로당아사)

조개젓

중국 전한 시대에 전략가들의 책략을 편집한 책인 전국책의 『연책(燕策, 연나라의 계책)』에 다음과 같은 일화가 있다.

> 역수(易水) 가에 조개가 나와 있을 때 마침 황새가 조개의 속살을 쪼자, 조개가 껍질을 오무려서 황새의 부리를 꼭 끼워 버렸다. 황새가 말하기를, "오늘도 비가 오지 않고 내일도 비가 오지 않으면 죽은 조개가 있게 될 것이다" 하자, 조개가 말하기를, "오늘도 못 나가고 내일도 못 나가면 죽은 황새가 있게 될 것이다"라고 하면서 서로 놓아주지 않았다. 끝내는 어부가 와서 둘을 다 잡아가게 되었다.

이 과정에서 두 개의 고사성어가 생겨난다. 조개와 황새의 어리석은 싸움을 빗댄 방휼지쟁(蚌鷸之爭)과 그 둘 간의 싸움으로 이득을 보는 어부라는 의미에서 어부지리(漁父之利)라는 고사성어다.

한 건으로 인해 두 개의 고사성어를 만들어낸 조개의 한자명도 독특하다. 조개를 지칭하여 방(蚌) 혹은 합(蛤)이라 하는데 이 두 자를 합하여 방합(蚌蛤)으로 지칭하기도 한다. 여기서 조개를 의미하는 패(貝)는 조갯살이 아닌 조개껍질을 지칭한다는 사실 밝힌다.

그런데 이 대목에서 황새는 왜 죽음도 불사하고 조갯살을 쪼았을까 하는 의문이 발생한다. 혹시 조갯살 속에 숨어 있던 진주가 탐나 그런 건 아니었나 하는 의심 역시 일어난다. 이와 관련 조개와 진주 이야기도 해보아야겠다.

조갯살 속에 모래나 뼈 등 단단한 이물질이 들어가면 조개는 그를 빼려 노력하지만 이물질은 결국 살 속에 박히게 된다. 조개는 그로 인해 죽을 수도 있다 생각하여 자신을 보호하겠다는 차원에서 자기 몸에서 나오는 분비액으로 이물질을 지속하여 감싸게 되면서 이물질이 점점 더 커지고 후일 그 물체가 진주로 변하게 된다.

그리고 결국 조개는 진주, 사람으로 치면 암으로 인해 생명을 빼앗기지만 진주를 남긴다. 필자는 그런 조개를 위해 인사유명 호사유피(人死留名虎死留皮, 사람은 죽어서 이름을 남기고, 호랑이는 죽어서 가죽을 남긴다)처럼 방사유주(蚌死留珠, 조개는 죽어서 진주를 남긴다)라는 말을 만들어주고 싶다.

여하튼 조개와 진주에 관련한 기록들을 살펴보자. 중국 남북조 시대 진(晉)나라 사람인 좌사(左思)의 『오도부(吳都賦)』에 실려 있는 한 대목 인용한다.

조개가 진주를 잉태하는데
달과 함께 찼다 줄었다 한다

蚌蛤珠胎(방합주태)
與月虧全(여월휴전)

이뿐만 아니다. 장유의 작품을 보면 조개와 진주에 대해 이렇게 표현했다.

찬란하게 빛나는 진주 한 알
조개 배 속에서 만들어지네

英英珠一顆(영영주일과)
出自蚌胎中(출자방태중)

조개는 우리 민족과 선사 시대부터 긴밀한 관계를 형성하고 있다. 앞서 언급한 패(貝), 즉 패총(貝塚)과 관련해서다. 한반도 여기저기서 발견된 선사 시대의 패총을 살피면 조개와 우리 민족 간 관계는 그 뿌리를 가늠하기 힘들 정도다.

그렇다면 언제부터 조개로 젓갈을 담그었을까. 서긍의 『고려도경』에 실려 있는 '고려 사람들은 조개류를 가지고 젓갈을 담가 귀천 없이 먹는다'는 기록을 살피면 조개젓의 역사도 만만치 않아 보인다.

이 대목에서 조개 종류가 너무 많은 관계로 조개젓에 국한하여 그 효능을 살펴본다. 『한국민족문화대백과』에 실려 있는 내용이다.

조개젓은 양질의 단백질과 핵산류가 많아 어떤 젓갈보다도 감칠맛이 난다. 또한 식물성 식품에는 없는 비타민 B_{12}가 젓갈 중 가장 많이 들어 있어 비타민 B_{12}의 공급원으로 손꼽히고 있다.

창난젓

    본격적인 이야기에 앞서 '명란'과 '창난'이란 명칭에 대해 살펴보자. 명란은 '명태의 알'로, 줄여서 명란(明卵)이라 일컫는다. 이에 대해서는 이론이 없다. 그런데 문제는 창난이다. 창난은 명태의 내장을 지칭하는 순수한 우리말로 '창란'은 잘못된 표기라 이구동성으로 외쳐대고 있다. 그런데 과연 그런지 창난에 대해 심층적으로 접근해보자.

    먼저 창난젓에 대해서다. 창난젓이 명태의 창자로만 만들어진다면 창난이 아니라 '명태의 창자'를 줄여 '명창'이 되거나 혹은 창자를 의미하는 한자인 장(腸) 자를 덧붙여 '명장(明腸)'이라 표기해야 옳다.

    굳이 '난'이라는 글자를 덧붙일 하등의 이유가 없다. 즉, 난을 덧붙인 이유가 반드시 존재한다는 이야기다. 그렇다면 왜 난을 덧붙였을까. 창난젓이 명태의 창자로만 만들어지지 않기 때문이다.

    창난젓은 명태의 창자뿐 아니라 알집까지 곁들여 만들어지고 그래서 창자의 '창'과 알집을 의미하는 '난소(卵巢)' 앞 글자인 '란(卵)'을 취하여 이름을 만든 게다. 이럴 경우 창난이 아니라 '창란'으로 표기해야 옳다.

    그런데 이 대목에서도 의문이 발생한다. 조금이라도 양식을 겸비하고 있는 사람이라면, 창자와 난소란 두 단어를 결합시킨다면 창자를 의미하는 장(腸)과 난소의 앞 글자인 란(卵)을 취하여 장란(腸卵)으로 명칭을 정했을 게다.

아니, 애초에는 그 명칭이 '장란'이었는데 중간에 그 누군가가 '장란에 대해 장난을 쳐서 '창난'이라 했던 건 아닐까 하는 생각해본다. 이를 염두에 두고 이야기 풀어나가겠다.

창난젓과 관련하여 흥미로운 기록이 있어 인용해본다. 1937년 10월 27일 《동아일보》에 실린 기사다.

> 젓갈 중에도 왕이 되는 창난젓의 영양
>
> 창난젓은 원시적이라고도 할 수 있는데 오늘의 가장 진보된 과학적 합리적 영양식품이라 할 수 있는 훌륭한 식품이다. (중략) 창난젓에는 고기와는 다른 영양성분이 상당히 포함되어 있다. 예를 들자면 지구상에 원소 80여 종이 있는데 사람 몸에는 37종 가량이 필요하고 이 37종 원소를 생선이 가지고 있으며 살보다 내장 속에 숨어 있다. (하략)

1937년이면 지금으로부터 80여 년 전이다. 당시 《동아일보》가 전한 것처럼 창난젓에 그러한 영양분이 함유되어 있을까. 현대 의학계의 의견을 요약해 본다.

창난은 단백질, 탄수화물, 칼슘, 인, 철 등이 고루 함유되어 있으며 필수아미노산인 트레오닌과 라이신이 다량 함유되어 있다. 또한 소화를 돕고 성장을 촉진시키는 비타민 B_1, 비타민 B_2, 비타민 E 등이 다량 함유되어 있다. 발효식품으로 장에 좋은 성분과 칼슘 성분이 월등하게 많이 함유되어 있다.

그러나 아쉽게도 창난젓이 언제부터 식용되었는지에 대한 기록은 보이지 않는다. 다만 한국고전번역원에서 번역한 이익의 『성호사설』 중 생재(生財)에 다음과 같은 대목이 나타난다.

동해는 어족의 소굴이 되어 이곳만큼 해산물이 풍부한 곳이 없다. 항상 파도가 일어 조운(漕運)이 불가능하므로, 어민들은 작은 배를 만들어서, 고기 잡고 기타 해산물 채취하는 것을 이로 삼아, 생선·건어·창난젓 등을 마소로 실어낸다.

상기에 창난젓이 원문에는 夠醢로 표기되어 있다. 醢(해)는 물론 젓갈을 의미하는데 문제는 '夠'이다. 알을 의미하는 란(卵)과 흡사한데 이 한자는 정체불명이다. 그럼에도 불구하고 이익은 여러 곳에서 동 글자를 사용하고 있다.

이 대목에서는 우리 조상들의 슬기로움에서 그 해답을 찾음이 옳다. 아울러 창난젓의 본격적인 식용 시기는 명란젓과 동일하게, 즉 조선 후반부터라 규정하자.

4장

기타

간장게장의 게 땅콩조림의 땅콩
메추리알 장조림의 메추리알 초석잠
호박과 호박씨 홍어회무침의 홍어 황태

간장게장의 게

먼저 한시 한 수 감상해보자. 서거정 작품이다.

눈 가득한 언덕에 얼음 아직 녹지 않았으니
이 시기에 노란 게는 값이 더욱 높은데
선물로 주어 손으로 쪼개어 술잔 들고 보니
필탁의 집게 다리보다 풍미 훨씬 낫네

雪滿江皐凍未消(설만강고동미소)
此時黃蟹價增高(차시황해가증고)
贈來手劈持杯看(증래수벽지배간)
風味全勝畢卓螯(풍미전승필탁오)

서거정은 술을 마시며 게를 안주로 삼는데 그 흥취가 기가 막혔던 모양으로 '필탁의 집게다리'를 거론했다. 필탁(畢卓)은 중국 진(晉)나라 때 주호(酒豪, 술을 잘 마시고 주량이 대단한 사람)로 술과 게의 궁합에 관한 글로 유명하다. 그가 남긴 글이다.

수백 곡의 술을 배에 가득 싣고, 사철의 맛 좋은 음식들을 배

양쪽 머리에 쌓아 두고, 오른손으로는 술잔을 들고, 왼손으로는 게의 집게다리를 들고서 술 실은 배에 둥둥 떠서 노닌다면 일생을 마치기에 넉넉할 것이다.

그런데 필탁과 서거정만이 아니다. 중국의 소식(蘇軾, 소동파)도 그의 작품 속에 '반 딱지 노란 게장은 술에 넣어 먹기 알맞고, 두 집게다리 흰 살은 절로 밥을 더 먹게 하네'라는 표현을 사용하였다.

또한 중국 역사 최고의 시인이며 두주불사였던 이백(李白, 이태백) 역시 그의 작품에서 蟹螯卽金液(해오즉금액)이라고, 즉 술을 마시는 데 있어 '게의 집게발은 금액이다'라고 기록하고 있다.

금액(황금액)은 고대에 신선의 술법을 닦는 사람들이 만든 단액(丹液, 먹으면 늙지 아니하고 죽지도 아니한다는 약)의 일종으로 이것을 먹으면 신선이 될 수 있다고 하는데 게의 집게다리가 바로 그러하다는 말이다.

이 대목에서 아연한 생각 일어난다. 도대체 게의 정확한 정체가 무엇이기에 대단한 애주가들로부터 그리도 많은 사랑을 받았을까 하는 부분이다. 이와 관련하여《의료정보》에 실린 기사 요약해 본다.

게는 고단백 저칼로리 식품으로 몸에 필요한 필수 아미노산이 많고 지방 함량이 적어 열량이 낮고 맛이 담백하며 혈관을 튼튼하게 하는 성분을 포함하고 있어서 동맥경화, 심장병, 고혈압 등 각종 성인병을 예방하는 데 탁월한 효과가 있다.

이와 더불어 게의 풍부한 육질은 단백질, 칼슘, 인, 비타민, 미네랄 등을 많이 함유하고 있어 뼈를 튼튼하게 하고 알에는 핵산이 다량 함유되어 노화를 방지하며 키토산 성분은 지방 흡착과 이뇨작용에 뛰어나다. 때문에 혈압과 콜레스테롤을 저하시켜 노약자, 성장기 어린이, 임산부, 수술이나 골절 환자에게 큰 효과가 있다.[53]

이응희 역시 게를 작품으로 남겼다. 감상해보자.

게

게가 광주리 안에 오르니
보이는 여러 모습 신기하네
옆으로 걸으며 팔자 다리 펼치고
커다란 두 집게다리 날래고 사납네
누런 게장 향긋하고 매끄러워
달고 부드러운 흰 다리 씹네
주문에서 대뢰 먹는 사람들
이 맛 아는 사람 드물리라

---

53)   출처: 의료정보 편집국, '제철 맞은 바다의 보약 꽃게', 《의료정보》, 2016.10.31.

蟹(해)

郭索登筐筥(곽색등광거)[54]

多看狀貌奇(다간상모기)

橫行張八脚(횡행장팔각)

雄悍巨雙肢(웅한거쌍지)

香滑鉤金醬(향활구금장)

甘柔嚼雪肌(감유작설기)

朱門大牢客(주문대뢰객)[55]

玆味鮮能知(자미선능지)

---

54) 곽색(郭索): 게의 별칭으로, '발이 많다'는 뜻으로 붙여진 이름이다.
55) 주문(朱門): 붉은 칠을 한 문이란 뜻으로, 권귀(權貴)나 부호(富豪)의 집을 가리킨다.
   대뢰(大牢): 나라에서 제사를 지낼 때 소·양·돼지를 한 마리씩 쓰는 것으로 가장 큰 제사이
   다. 여기서는 매우 성대한 음식을 뜻한다.

땅콩조림의 땅콩

이덕무 작품이다.

유탄소, 금이 이우촌에게 받은 낙화생을 보내오다

혜함의 책에 이름 없는 이것을 심으니
가지 떨어져 열매 맺으니 낙화생이네
그대의 손 거쳐 내 입에 전해지니
향기로운 진액으로 심장과 폐 맑아지네

柳彈素 琴 饋李雨村所贈落花生(유탄소 금 궤이우촌소증낙화생)

樹有稊合狀外名(수유혜함장외명)
辭枝結子落花生(사지결자낙화생)
從君手裏傳吾口(종군수리전오구)
別樣香津心肺淸(별양향진심폐청)

제목에 등장하는 유탄소는 유금으로 이덕무의 지인이고 이우촌
의 이름은 이조원(李調元)으로 청나라 학자다. 또한 낙화생은 '떨어

진 꽃에서 열매가 맺는다'는 의미를 지니며 땅콩을 지칭한다.

땅콩, 즉 낙화생의 이름이 혜함의 책에도 없다고 했다. 혜함은 중국 진나라 지한(嵆含, 263~306)으로 혜함의 책은 남방초목장(南方草木狀)을 지칭하는데 그곳에도 이름이 없다는 의미다.

여하튼 땅콩과 관련한 이덕무의 이야기 더 들어보자. 그의 작품 「입연기(入燕記, 북경 기행문)」에 실려 있다.

> 면주(綿州, 중국 사천성) 사람 이정원(李鼎元)을 만나 낙화생을 선물로 받았다. 낙화생은 서촉(西蜀, 사천성 일대)과 민중(閩中, 복건성과 절강성 동남부) 지방에서 생산된다.
> 4월에 꽃이 피었다가 진 뒤에 그 꽃줄기가 흙속에 묻혀 자연 결실이 되는 것인데, 모양은 콩 같으면서 콩보다 크고 겉에는 마르고 흰 포락(包絡)의 껍질이 있다.
> 그 껍질을 부수면 혹 한두 개의 열매가 있는데, 자황색의 연한 껍질이 입혀 있는 것이 마치 비자(榧子)와 같다. 바탕은 희고 맛은 참깨와 같은데, 이것을 가루로 만들어 모든 국에 조미하면 맛이 제법 좋으니, 과일 중에 특이한 품종이라 하겠다.

내친김에 이덕무보다 한 세대 후 인물인 추사 김정희의 이야기 덧붙이자. 그의 작품인 「서독(書牘)」에 실려 있다.

> 낙화생은 남중(南中) 사람으로 종자를 전해온 자가 있는데, 이

것은 촉중(蜀中)의 진기한 과실로서 우리나라에서도 재배가 될는지 모르겠습니다. 이 또한 하나의 기이한 과실로서 충분히 수선화와 아름다움을 견줄 만합니다. 감히 식단의 한 가지에 대비하는 바이니, 이것은 반드시 껍질까지 통째로 볶아서 익힌 다음에야 먹을 수 있습니다.

이덕무와 김정희의 글을 살피면 땅콩의 유래와 전래 과정을 살필 수 있다. 그렇다면 땅콩이란 이름은 어떻게 생겨났을까. 혹자는 중국 당나라 시절 당에서 도입되어 '당콩'이라 지칭하던 것이 땅콩으로 변화되었다고 하는데, 그저 웃고 말자.

일제강점기 시절 이 땅에 땅콩 재배가 본격화되자 낙화생은 땅속에서 나는 콩이라 하여 지두(地豆)라 지칭되고 후일, 즉 1930년도 초반에 우리말로 땅콩이라는 이름이 생겨난다.

땅콩 재배와 관련하여 흥미로운 이야기 한번 해보자.

1921년에 일이다. 대한제국 순종의 장인이며 순정효황후의 아버지인 윤택영이 북경으로 도주하는 사건이 발생한다. 뚝섬에서 낙화생 재배 실패로 인한 빚 독촉 때문이었다. 결국 그는 중국으로 망명하여 베이징에 체류하다 1935년 10월 객사하게 된다.

황후의 아버지의 말로치고는 참으로 비참하다. 그런데 필자에게 문득 그런 생각 일어난다. 빚도 빚이지만 혹시 땅콩 재배를 위해 북경으로 간 게 아닌가 하는 생각 말이다.

여하튼 일제강점기 시절 활화산처럼 타오르게 된 땅콩 재배의 열기에 대한 이유를 살펴보자. 《동아일보》에 실려 있는 내용이다.

흔히 '심심풀이 땅콩'이란 말의 주인공인 땅콩이 콜레스테롤을 낮추는 효과와 심장병 예방에 좋다고 한다. 땅콩의 칼로리는 높지만, 땅콩 100g 중 단백질 25g, 지질, 47g, 탄수화물 16g이 함유되어 있으며, 칼륨, 비타민 B_1, B_2, 나이신 등이 풍부한 우량 영양식품으로도 알려졌다.

특히 불포화지방산과, 올레인산, 리놀산이 많이 포함되어 있어 콜레스테롤을 낮추고 동맥경화를 예방해준다. 또한, 비타민 B군이 많이 함유되어 있어 피로회복에 도움을 주며, 땅콩은 적혈구를 증식시켜 철분의 흡수를 향상시키고, 기억력을 증진시키며 호흡기 기능을 강화하는 것으로 알려져 있다.[56]

---

56) 출처: 동아오토, '땅콩 칼로리, 밥 2공기와 맞먹어… 그래도 몸에 좋은 이유는?', 《동아일보》, 2014.2.28.

메추리알 장조림의 메추리알

　메추리알에 대해 논하기에 앞서 메추리와 관련하여 뜨거운 논쟁이 있어 소개한다. 발단은 장자(莊子)로부터 시작된다.

　장자는 『장자』의 「소요유(逍遙遊, 자유롭게 이리저리 슬슬 거닐며 돌아다니며 노넒)」에서 아래와 같이 말했다.

> 붕새는 등은 태산 같고, 날개는 하늘에 드리운 구름 같아서,
> 회오리바람을 타고 구만 리를 올라가 구름을 벗어나고 푸른
> 하늘을 등에 진 다음에야 남쪽으로 간다. 그가 남쪽 바다로
> 갈 적에 메추리가 쳐다보고 웃으면서 말하기를 "저 새는 장차
> 어디를 가려는 걸까. 나는 뛰어올라 봤자 고작 두어 길도 못
> 오르고 도로 내려와 쑥대밭 사이에서 빙빙 돌 뿐이지만, 이것
> 도 최고로 나는 것인데, 저 새는 장차 어디를 가려는 걸까."

　그러면서 아래와 같이 말하여 메추리를 성인에 비유하였다.

> "성인이란 메추리처럼 일정한 거처가 없이 살고, 새 새끼같이
> 주는 대로 먹으며 새처럼 허공을 자유로이 날아다녀도 자취를
> 남기지 않는 것이다. 천하에 도가 베풀어지고 있으면 만물과

함께 번성하고, 천하에 도가 베풀어지고 있지 않으면 자기 본래의 덕을 닦으며 고요한 삶을 사는 것이다."

이에 대해 『시경』에서는 아래와 같이 언급한다.

무릇 금조(禽鳥, 날짐승의 총칭)의 족속이 날아가도 반드시 제자리로 돌아오는 법인데 유독 메추리만은 그렇지 않다. 사냥하는 자가 쫓아가면 달아나서 더욱 멀리만 가기에 메추리는 일정한 거처가 없다는 것을 알 수 있다.
『자서(字書)』에 이르기를, '밤이면 떼를 지어 날고 낮이면 풀 속에 잠복한다' 하였으니, 이는 정히 음탕한 계집의 행동과 같다며 메추리를 문에 기대어 유객행위를 하는 창녀에 비유하였다.

메추리에 대한 극과 극의 평가에 대해 어느 설이 옳다 정의 내리기는 쉽지 않다. 그러나 메추리 고기가 음탕함의 기본인 정력 강장에는 탁월한 듯 보인다. 당나라 측천무후가 애용한, 메추리 고기로 빚은 암순주(鵪鶉酒) 일명 무후주(武后酒)와 관련해서다
측천무후는 남편인 고종이 죽자 권력을 잡고 신하와 미소년은 물론 길거리의 고약장수까지 침실로 불러들여 여든 살이 넘어서까지 왕성한 정력으로 쾌락에 빠져 지냈다고 한다. 그게 가능했던 게 측천무후가 즐겨 마시던, 메추리 고기로 빚은 암순주 때문이었

다고 전한다.

이 때문인지는 몰라도 한때 메추리 고기는 물론 메추리알도 정력 증진에 좋다고 하여 우후죽순식으로 메추리 농장이 세워지고 메추리를 사육하기 시작했다. 바야흐로 1950년대 후반의 일이다. 그 과정에 생긴 에피소드 하나 소개하자.

당시 메추리가 경제동물로 급부상하자 정부 부처 간에 알력이 발생하게 된다. 메추리 수입과 관련해서다. 일본으로부터 수입하는 일을 두고 상공부와 농림부가 서로 경쟁을 벌였는데 그 과정에 상공부가 판정승을 거둔다.

그런데 수입을 본격 시작한 지 얼마 되지 않아 상공부는 메추리 수입은 자신들이 주관하고 메추리알 수입은 농림부가 관장하라고 주장한다. 사연인즉 상공부 관계자가 일본의 수출상으로부터 전해 듣게 된 한마디 '한국이 메추리도 비싼 값으로 잘 사주고 있으니 한국은 일본에게 고마운 나라'라는 말 때문이라 한다.

이를 접한 농림부 당국자는 '메추리알의 영양 가치는 달걀의 4분의 1도 되지 않는다'라는 사실을 일반에 공표하며 거부 의사를 밝힌다.

여하튼 그 시절 이후 메추리알이 본격적으로 식용되기 시작하는데 당시 농림부 당국자의 말과는 다르게 알려지고 있다. 즉, 메추리알이 단백질, 지방, 무기질 함량 그리고 글루타민산을 비롯한 일부 아미노산의 함량은 달걀보다 높다고 알려진 것이다.

메추리알과 달걀의 성분을 비교하면 비타민 A는 달걀이 3배가

량 많으나, 비타민 B_2는 메추리알이 3배가량 더 높다고 알려져 있다. 아울러 메추리알은 어린이 성장발육에 필요하고 회복기 환자 치유에 필요한 성분인 라이신, 메티오닌, 트립토판 등을 함유하고 있다고도 한다.

그러니 메추리알을 굳이 달걀과 비교할 필요는 없다고 본다. 그저 그 조그마한 메추리알이 달걀에 비해 조금도 손색없다는 측면에서 '작은 고추가 맵다'는 말을 떠올리며 메추리알 장조림을 '심심풀이 땅콩 먹듯' 섭취할 일이다.

초석잠

김창업 작품이다.

초석잠

방울방울 달린 감로자
덩이덩이 속까지 보이네
조물주도 알지 못하고 있으니
말하자면 수정 호리병이라네

백로 뒤에 농사꾼이
땅 파 어두운 구슬 꿰니
바라보는 어린아이 즐겁고
손바닥 안에 넣고 기뻐하네

초석잠⁵⁷⁾

甘露子(감로자)

滴滴甘露子(적적감로자)

顆顆看透明(과과간투명)

園丁未曾識(원정미증식)

道是水晶甖(도시수정앵)

老圃白露後(노포백로후)

斸得暗珠貫(촉득암주관)

旁觀小兒喜(방관소아희)

取作掌上玩(취작장상완)

---

57) 사진 제공: ㈜승화푸드.

상기 시에 흥미로운 표현이 등장한다. 園丁未曾識(원정미증식), 즉 '조물주도 알지 못하고 있으니'라는 대목이다. '원정'은 정원을 맡아 보살피는 사람을 지칭하는데 상기 시에서는 조물주를 비유한 듯 보인다.

또한 시 제목에 등장하는 감로(甘露)는 천하가 태평하면 하늘에서 좋은 징조로 내린다는 단맛이 나는 이슬을 의미하는데 그로부터 이름이 비롯된 감로자가 바로 초석잠(草石蠶)이다.

초석잠은 '잎 위에 이슬이 방울지면 땅에서 무성하게 자라기 때문에 로적(露滴, 이슬 방울)으로도 불리며 모습이 누에와 같다고 하여 일명 지잠(地蠶, 땅속의 누에)으로도 불린다.

여하튼 감로자가 조물주도 알지 못할 정도로 신비한 식물이니 필자 역시 최근에야 그 실체를 알게 된다. 그런데 비단 필자만 초석잠에 대해 생소했을까. 그를 알아보기 위해《세계일보》2010년 4월 21일 기사 인용해본다.

> 경남농업기술원이 운영하는 약용자원사업장이 일본과 중국에서 식용작물로 이용되고 있는 초석잠을 도입해 전국 최초로 재배법과 생리활성 효과에 대한 연구결과를 일반인에게 제공했다.[58]

---

58) 출처: 안원준, "'귀한 토종약초 구경하러 오세요'",《세계일보》, 2010.4.21.

상기 기사를 살피면 초석잠이 우리네 생활에 가까이 다가온 시기는 그리 길지 않다. 그런데 의문사항이 발생한다. 조선 후기 인물인 김창업은 초석잠과 관련 작품까지 남겼고 또한 이규경은 그의 작품인『오주연문장전산고』에서 감로자에 대해 그 이름의 근원(得露結根故名)을 포함하여 강원도 영월 등지에서 자라고 있다 기술하고 있는데 그를 일본과 중국에서 도입하고 있다는 대목이다.

바로 실체 규명에 원인이 있는 게 아닌가 하는 생각이다. 앞서도 이야기한 바 있지만 과거에는 그저 가축 사료 정도로 활용되었던 식물들이 현대에 들어 효용가치가 드러나면서 각광받는 사례들처럼 말이다.

그런 이유로 감로자는 오랜 기간 세인의 관심에서 벗어나 있다 어느 순간 그 효용이 드러나면서 새로운 이름인 초석잠으로 등장한 게 그 요인으로 보인다. 그렇다면 초석잠의 효능을 알아보지 않을 수 없다. 《경인일보》에 실린 기사 일부 인용한다.

> 초석잠에는 뇌기능을 활성화시켜주는 콜린, 페닐에타노이드 등의 성분이 함유돼 있어 노인성 치매, 뇌경색, 기억력 증진에 효과가 있는 것으로 전해졌다.
> 초석잠에 들어 있는 아르긴산, 스타키드린 등의 성분은 지방이 쌓이는 것을 막아주고 혈액순환을 원활하게 해줘 동맥경화, 간경화를 개선하고 지방간의 형성을 막아줘 건강식품으로 인기가 높다. 또한 뇌 기능 활성화 기능뿐만 아니라 부종이나

뇌졸중 예방도 효과가 있는 것으로 알려졌다.[59]

59) 출처: 경인일보 디지털뉴스부, '초석잠, 뇌경색 등 뇌기능 활성화 효과… 혈액순환 촉진까지 '건강식품 각광'',《경인일보》, 2015.1.10.

호박과 호박씨

　새우를 이야기할 때 언급했지만, 새우처럼 호박 역시 우리네 생활과 밀접한 관계를 유지하고 있다. 새우처럼 부정적으로 말이다. 비근하게 예를 들자면 '호박꽃도 꽃이냐', '호박에 줄 긋는다고 수박 되느냐' 등이다.

　지금 이런 이야기하면 십중팔구 성희롱이니 뭐니 하여 시빗거리가 되겠지만 필자가 젊은 시절에는 공공연하게 이런 표현들을 사용하고는 했다. 그런데 왜 이런 말이 생겨났을까.

　이를 위해 이익의 『한거잡영』 중 일부 인용한다.

　　주렁주렁 박과에는 종류가 많지만

　　수박은 오히려 호박에 미치지 못하네

　　가을 되어 맛난 것 먹으려 힘써 가꾸어

　　그릇에 담으면 여러 맛 기가 막히리

　　綿㲯東陵別派多(면질동릉별파다)

　　西瓜猶未及南瓜(서과유미급남과)

　　秋來滋味宜先力(추래자미의선력)

　　豆實型盛種種嘉(두실형성종종가)

東陵(동릉)은 동릉과로 '박'과 전체를, 西瓜(서과)는 수박 그리고 南瓜(남과)는 호박을 의미하는데 이익은 호박이 수박보다 훨씬 이롭단다. 그 이유로 가을에 잘 익은 호박을 요리하면 그 맛이 기가 막히다는 점을 들고 있다.

이를 염두에 두고 수박과 호박을 비교해보자. 사실 비교 자체가 될 수 없다. 수박은 날로, 호박은 익히고 조리하여 먹는 식품이기 때문이다. 즉, 수박은 순간적인 맛을 지니고 있지만 호박처럼 진득한 맛을 느끼기 힘들다.

이제 이를 여자에 비교해보자. 막상 비교해보자고 하였으나 역시 비교될 수 없다. 저속하게 들릴지 몰라도 그 용도가 다르기 때문이다. 여하튼 정상적인 남자라면 순간적 쾌감을 안겨주는 여인보다는 진득한 매력을 지니고 있는 여인을 배우자로 삼고자 함은 불문가지다.

필자는 바로 그런 이유 때문에 상기와 같은 부정적인 표현이 생겨난 게 아닌가 생각한다. 즉, 수박 같은 여자들이 호박 같은 여자를 시기하여 일부러 그런 말들을 만들어낸 게 아닌가 하고 말이다.

이 대목서 김창업의 **「남과 왕정의 농서에 보인다(南瓜 南瓜見王禎 農書, 남과 남과견왕정농서)」** 작품 감상해본다.

남과는 황녹색으로

속명은 호박이라네

서리 맞고 봄까지 남는데

일찍이 농서 기록 보았네

南瓜色黃綠(남과색황록)

琥珀俗名是(호박속명시)

經霜留至春(경상유지춘)

農書曾見記(농서증견기)

　왕정은 중국 원나라의 농학자로 1313년에 중국에서 처음으로 남·북 중국의 종합적인 농업기술서인 『왕정농서』를 펴낸 인물이다. 김창업에 의하면 남과의 속명이 호박(琥珀)이라 했다. 호박은 지질시대 나무의 진 따위가 땅속에 묻혀 탄소, 수소 등과 결합하여 굳어진 누런색 광물로 오래전부터 양반 계층이 애용했던 보석의 한 종류다.

　그런데 왜 호박을 그리 불렀을까. 혹시 보석처럼 귀한 작물이기에 그랬던 건 아닐까 하는 생각해본다. 아울러 호박은 그 종류가 다양한 관계로 그 효능에 대해서는 생략하고 호박씨로 넘어가보자.

　호박이 그렇듯 호박씨와 관련하여도 부정적인 표현들이 사용되고는 한다. 대표적인 예로 '뒤에서 혹은 뒷구멍으로 호박씨 간다'라는 말이다. 이와 관련 여러 이야기가 전하는데 그중 《경향신문》에 실린 글 인용해본다.

> 호박씨는 납작해서 까먹기 참 번거롭습니다. 까기 귀찮으면 껍질째 씹어 삼키기도 하지요. 그런데 이 호박씨 껍질은 소화되지 않고 결국 똥에 섞여 나옵니다. 주전부리 없던 시절, 남몰래 호박씨를 먹자면 껍질 까다 누가 보고 달랠세라 냉큼 통째로 털어 넣겠지요. 그러면 알맹이는 소화되고 까진 껍질들만 뒤, 즉 항문의 다른 말인 뒷구멍으로 나오니 이게 바로 안 먹은 척하고 뒤로(뒷구멍으로) 호박씨를 까는 짓이 됩니다.[60]

이 글을 접하자 절로 고개를 갸우뚱거리게 된다. 호박씨를 그대로 삼키면 과연 상기 글처럼 알맹이는 소화되고 껍질만 배출되느냐의 문제다. 호박씨를 통째로 먹어보고 또 그를 확인해보지 않아 뭐라 말하기는 곤란하지만 '뒤 혹은 뒷구멍으로 호박씨 깐다'라는 말이 '겉으로는 어리석은 체하면서 남 몰래 엉큼한 짓을 한다'라는 의미라는 사실은 알고 있다.

이 대목서 한 걸음 더 나아가보자. 비약하자면 호박씨 깐다는 말이 호박씨를 먹으면 뇌기능이 향상돼 두뇌회전이 빨라지기 때문에 만들어졌다는 우스갯소리처럼 이 말 역시 호박씨가 지니고 있는 효능을 시기하여 만들어 낸 말이 아닌가 싶다.

---

60) 출처: 김승용, '[속담말ㅆ·미]호박씨 깐다', 《경향신문》, 2017.11.20.

왜 그런지 식품과학 대사전[61]에 실려 있는 글 인용해본다.

> 호박씨는 아주 우수한 식품으로 단백질, 지방, 탄수화물, 비타민 B군이 가장 많다. 무기질로 칼륨, 칼슘, 인이 풍부하다. 지방은 불포화지방산과 레시틴이 구성성분으로 들어 있으므로 고혈압 예방에 좋으며 또한 필수아미노산인 메티오닌이 많아 간의 작용을 돕는 역할을 하므로 술안주나 간식으로 좋은 건강식품이다.

내친김에 정약용의 「**호박 넋두리(南瓜歎, 남과탄)**」 감상해보자.

> 장맛비 열흘 만에 오솔길 없어지고
> 성 안과 외진 곳 모두 연기 사라져
> 태학에서 돌아와 집 바라보다
> 문 들어서니 요설로 시끄럽네
> 들어보니 이미 며칠 전 항아리 비어
> 호박죽 쑤어 허기 달랬는데
> 어린 호박 다 땄으니 어이하나
> 늦은 꽃 떨어지지 않아 열매 없으니
> 근처 채마밭에 항아리처럼 커다란 박

---

61)   출처: 네이버 지식백과.

계집종 몰래 엿보다 가서 훔쳐

돌아와 충성 바쳤는데 야단맞네

너에게 훔치랬나 매질 꾸중 듣네

어허, 죄 없는 아이에게 성내지 말게

이 호박 내 먹을 테니 다시 말 말고

나 위해 밭주인에게 솔직하게 말하게

오릉의 조그마한 청렴 내게 달갑지 않네

나도 장차 좋은 때 만나 입신하겠지만

그렇게 되지 않으면 금광 찾아 나서겠네

책 만 권 읽어도 아내 어이 배부르겠나

밭 두 이랑 있으면 계집종 죄 짓지 않았네

苦雨一旬徑路滅(고우일순경로멸)

城中僻巷煙火絶(성중벽항연화절)

我從太學歸視家(아종태학귀시가)

入門譁然有饒舌(입문화연유요설)

聞說罌空已數日(문설앵공이수일)

南瓜鬻取充哺歠(남과죽취충포철)

早瓜摘盡當奈何(조과적진당내하)

晚花未落子未結(만화미락자미결)

隣圃瓜肥大如瓳(인포과비대여강)

小婢潛窺行鼠竊(소비잠규행서절)

歸來效忠反逢怒(귀래효충반봉노)

孰敎汝竊筆罵切(숙교여절추매절)

嗚呼無罪且莫嗔(오호무죄차막진)

我喫此瓜休再說(아끽차과휴재설)

爲我磊落告圃翁(위아뇌락고포옹)

於陵小廉吾不屑(오릉소렴오불설)

會有長風吹羽翮(회유장풍취우핵)

不然去鑿生金穴(불연거착생금혈)

破書萬卷妻何飽(파서만권처하포)

有田二頃婢乃潔(유전이경비내결)

　상기 글에 등장하는 於陵(오릉)은 오릉중자의 줄인 말로 중국 전국시대에 제(齊)나라의 진중자(陳仲子)를 말한다. 귀족의 자제로 지나치게 청렴결백하여 자기 형이 받은 녹을 의롭지 않은 것이라 하여 받지 않으며 자기 어머니가 만든 음식도 먹지 않고, 아내와 함께 오릉현으로 가서 자기는 신을 삼고 아내는 길쌈을 하면서 살았다고 한다.

홍어회무침의 홍어

1990년대 중반 필자가 집권당이었던 신한국당 연수부장으로 근무할 때 일이다. 전라남도 신안지구당 당직자들이 교육받기 위해 연수원을 방문하여 아이스박스 하나를 건네며 은근하게 입을 열었다. '선생님(김대중 전 대통령)이 드시는 진짜 홍어'라고.

당시에는 홍어가 상당히 귀해 일반인들은 맛보기 힘들었던 터였다. 게다가 선생님(우리 측에서는 존경이 아닌 비하의 의미로 그리 불렀음)이 드시는 홍어라는 말에 그 자리에서 아이스박스를 개봉하고 그야말로 허겁지겁 먹기 시작했다.

그리고 그날 저녁 내 입안은 시쳇말로 걸레로 변한다. 물론 이전에도 홍어회(주로 가오리)랍시고 먹고 나면 입천장이 벗겨지는 경험을 하고는 했는데 그날은 입천장 정도가 아니라 혀까지 벗겨지는 곤혹스런 상황에 처하게 된다.

그 일로 내 입안은 그야말로 홍어 좆이 되고 마는데 이에 대해서도 언급하고 넘어가자. 우리는 흔히 '만만한 게 홍어 좆'이라는 말을 사용한다. 이 말의 유래는 정약전의 『자산어보』에서 비롯된다.

수놈에는 양경이 있다. 그 양경이 곧 척추다. 모양은 흰 칼과 같은데, 그 밑에 알주머니가 있다. 두 날개에는 가는 가시가 있어서 암수가 교미할 때에는 그 가시를 박고 교합한다. 낚시를 문 암컷을 수컷이 덮쳐 교합하다가 함께 잡히기도 한다. 결국 암컷은 먹이 때문에 죽고, 수컷은 간음 때문에 죽어 음(淫)을 탐내는 자의 본보기가 될 만하다.

이러한 특징을 가진 홍어 수컷은 크기도 암놈보다 작고 맛도 별로다. 그래서 뱃사람들은 거추장스러운 홍어 수놈의 생식기로 인해 조업에 방해를 받을 뿐만 아니라 잘못하면 생식기에 붙어 있는 가시에 손을 다치게 된다.

따라서 별 실속 없는 수컷이 잡히면 생식기를 잘라 바다에 던져 버리기 일쑤였고 그래서 '만만한 게 홍어 좆이다'라는 말이 생겨났다. 즉, 사람이 제대로 사람 대접 받지 못할 때 내뱉는 푸념으로 홍어를 먹은 내 입이 제대로 입의 기능을 하지 못하게 되었으니 홍어 먹고 내 입이 홍어 좆이 된 게다.

그런데 그런 곤혹스러운 경험을 겪고서도 홍어를 잊지 못하고 다시 찾는 이유는 무엇일까. 이와 관련 한동안 필자가 소설과 칼럼을 연재했었던 인터넷 언론《데일리안》에 실려 있는 글 인용한다.

홍어는 고도 불포화 지방산이 75% 이상, 이중 EPA·DHA는 35% 이상 함유되어 있다. EPA·DHA는 관상동맥질환, 혈전증의 유발을 억제하는 물질이며 DHA는 망막 및 뇌조직의 주요 성분으로 알려져 있다.

홍어에는 유리아미노산(타우린 성분 등)이 다량 검출되었는바 뇌졸중과, 혈관의 질환, 심부전증의 예방효과가 크다.

삭힌 홍어는 pH 9의 강알칼리성 식품으로 산성 체질을 알칼리성 체질로 바꿔주며 위산을 중화시켜 위염을 억제하고 대장에서는 강암모니아로써 잡균을 죽여 속을 편하게 한다. 숙성 홍어의 지방 함량은 0.5% 미만으로 다이어트 식품으로도 뛰어나다. 홍어의 연골에는 관절염 치료제로 많이 쓰이는 황산 콘드로이친이 다량 함유되어 있다. 이는 관절염, 신경통에 효과를 보이고 있는데 특히 여자들의 골다공증 예방, 산후조리에 좋다.[62]

홍어를 재료로 만든 식품 중 홍어회무침이 대표적인 바 이를 먹으면 홍어가 지닌 맛과 효능을 고스란히 섭취하지만 필자가 경험했던 곤혹스런 일과는 전혀 상관없다. 그런 이유로 각종 행사의 뒤풀이에 홍어회무침이 약방에 감초 식으로 등장하는 게다. 이제 이응희의 **「홍어(洪魚)」** 감상해본다.

얼굴 모습 다른 무리들과 어긋나고
생긴 모습 다른 생선들과 다르네
몸 넓어 움직이기 어렵고
몸 무거워 이동하기 쉽지 않네

---

[62] 출처: '냄새는 안 좋다… 그러나 효능만큼은 으뜸인 홍어', 《데일리안》, 2006. 8. 21.

뼈 부드러워 씹기 알맞고

풍부한 살 국으로도 가하네

함부로 날뛸 용기 없으니

뛰고 날아도 하늘 오르기 어렵네

狀貌殊群錯(상모수군착)

形容異衆鮮(형용이중선)

身洪難起動(신홍난기동)

體重未輕遷(체중미경천)

軟骨宜專嚼(연골의전작)

豐肌可入煎(풍기가입전)

跳梁無一勇(도량무일용)

跋扈似登天(발호사등천)

황태양념구이의 황태

먼저 황태란 명칭에 대해 언급하고 넘어가자. 황태를 한자로 黃
太라 표기하는데 이름에 대한 혼돈을 막기 위해서다.

앞서 콩자반에서 콩을 이야기할 때 우리나라에서는 콩을 두(豆)
라 하지만 태(太)라고도 한다 했었다. 그런 사연으로 오래전부터 黃
太는 노란 콩, 즉 메주콩의 별칭으로 사용했었다. 하여 고문서에서
황태를 검색하면 예외 없이 콩을 의미하는 황태만 등장한다.

그런데 이와는 달리 함경도 지방, 엄밀하게 언급해서 명태란 이
름이 탄생한 함경북도 명천으로 추정되는 지역에서 명태를 말리면
색이 노랗게 변해 노란 명태, 즉 황태라 지칭하기 시작했고 그 이
름이 고착화되었다. 이른바 동명이인(同名異人)이 아닌 동명이체(同
名異体)가 등장하게 된 게다.

이를 염두에 두고 명태(明太)에 접근해보자. 앞서 명란젓에서 언
급한 바 있어 자세한 내용은 생략하고 명태의 변화에 따른 이름에
대해 살펴본다.

명태는 북쪽에서 잡힌다 하여 북어(北魚)로도 불리는데 이를 말
리게 되면 다양하게 변화되면서 새로운 이름을 얻는다. 명태가 바
닷가에서 바닷바람을 맞아 마르면 일반 북어가 되고 온도 변화 없
이 낮은 온도에서 마르면 백태 그리고 상온에서 말리면 색깔이 진

한 먹태로 변한다.

그렇다면 명태가 어떻게 황태로 변화되는 걸까. 그 과정은 까다롭기 짝이 없다. 반드시 그에 합당한 지리적 조건과 기후가 수반되어야 가능한 일로 황태가 최초로 탄생되기 시작했던 함경북도 명천과 동일한 환경 조건을 지니고 있어야 한다.

남한에서 황태가 탄생하게 된 과정을 추적해 가보자. 발단은 한국 전쟁 즉, 6·25로부터 시작된다. 동 난으로 함경도에서 월남한 사람들이 고향에서 자주 접했던 황태를 잊지 못해 속초, 묵호 등지에 정착하여 황태를 만들기 위해 고군분투한다.

물론 이전에도 황태는 존재했었다. 현지에서 잡은 명태를 함경북도로 가져가 황태로 만들어가지고 오고는 했던 터였다. 그러나 휴전선으로 인해 더 이상 함경도로 갈 수 없었던 실향민들이 대관령에서 그 방법을 모색하기 시작했다.

그러나 그 일이 그리 쉽지 않았고, 실패를 거듭하는 과정에 1958년 한 사람이 대관령 일대를 누비며 풍속, 습도, 온도 등을 샅샅이 살피고는 횡계리 화새벌이란 장소를 찾아내어 그곳에서 최초로 황태 말리기 작업을 시작하여 황태를 생산해낸다.

뒤를 이어 또 다른 함경도 실향민들이 대관령 근처에서 장소를 물색하던 중 용대리를 발견하고 그곳에서 황태를 생산하기 시작하면서 대한민국 최초로 덕장을 만들고 급기야 1964년에 대관령 황태덕장마을이 생기게 된다.

이후 용대리 황태덕장은 전국에서 생산되는 황태의 70%를 웃도는, 명실공히 이 나라 황태덕장의 명소로 그 유명세를 떨치기 시작한다. 이 대목에서 함경도 출신 사람들이 왜 그리도 황태에 열정을 쏟는지 그 이유를 헤아려본다. 《영남일보》에 실려 있는 글로 대체한다.

> 피로회복에 탁월한 황태는 강원도 산자락에서 산바람과 계곡바람에 얼었다 녹기를 3개월간 반복한다. 이런 과정을 거치면서 영양소가 응축이 되어 명태보단 단백질이 4배, 간 해독을 돕는 메티오닌을 비롯한 여러 아미노산 성분은 24배나 더 많다. 황태에는 타우린과 베타인 성분이 풍부하게 들어 있어 간 해독과 피로회복에 좋다. 또한 지방·콜레스테롤 함량이 낮아 혈액순환을 원활히 돕고 심혈관 질환 개선에 좋다.[63]

---

63) 출처: '피로·숙취 잡는 겨울보양생선 황태', 《영남일보》, 2018.1.31.